MIKI ANAGRIUS

# KNOTEN

## FÜR WOHNUNG, HOBBY UND ALLTAG

Haupt
GESTALTEN

# INHALT

# A-Z DER KNOTEN

# VORWORT

Knoten faszinieren mich seit meiner Kindheit. Als ich ungefähr acht Jahre alt war, zeigte mir ein Freund meines Vaters, wie man einen Fuhrmannsknoten macht – dieser Knoten funktioniert ähnlich wie ein Flaschenzug. Es erschien mir wie ein Wunder: Etwas so Einfaches wie ein Seil erhielt fast aus dem Nichts eine neue Bestimmung; nur ein paar Knoten und Schlaufen waren notwendig dafür. Seitdem begleitet mich die Liebe zu den Knoten – immer wieder wird sie neu entflammt. Seile wurden für mich selbstverständliche Werkzeuge, um verschiedenste Probleme zu lösen.

Bei Knoten denken die meisten Menschen an einen maritimen Kontext. Das ist verständlich, denn Seile und Taue gehören seit jeher zur Seefahrt. Hunderte von Knoten wurden im Laufe der Zeit in Büchern festgehalten, viele davon für äußerst spezielle Zwecke. Heutzutage sind Seile, Taue und Schnüre ziemlich in Vergessenheit geraten – außer im Bootssport, unter Seeleuten und beim Klettern.

Viele von uns wissen im Grunde gerade noch, wie man sich die Schuhe zubindet. Ich möchte dir zeigen, wie dir Knoten den Alltag erleichtern können. Du brauchst nur einige Kenntnisse und schon sind sie dir auf vielfache Weise behilflich. Wenn du etwas tragen musst, wenn es Sachen aufzuhängen oder zu verstauen gilt, bei all dem kann ein Stück Schnur dienlich sein.

Doch ich will den Fokus nicht nur auf die Knoten selbst richten, sondern auch ihren Einsatz zeigen. Die Knoten sind alle nicht neu – neu ist aber, wie sie verwendet werden. Statt einen Sack zusammenzuknoten, wird der Bootsmannsmaatenknoten hier zu einem „Ampelknoten“, um eine Blumenampel damit aufzuhängen, oder zu einem Tragegurt, mit dem man sich eine Trinkflasche über die Schulter hängen kann. Die Affenfaust ist ein Stopperknoten, also ein Knoten am Seilende. Als Hundespielzeug erfreut er sich großer Beliebtheit. Und wenn du dein Fahrrad an die Decke hieven willst, findest du dafür ebenso den geeigneten Knoten. Das gilt auch für alle, die ihre Zeitungen für den Transport zum Altpapiercontainer bündeln oder einen Gürtel für ihr Kleid improvisieren wollen. Der Fantasie sind hier keine Grenzen gesetzt.

Ich arbeite als Fotograf. In der Freizeit ist der Klettersport meine große Leidenschaft. In beiden Bereichen verwende ich aus praktischen Gründen oft Knoten, um etwas zu verlängern, zu tragen oder zu sichern. Überdies bin ich der Ansicht, dass viele Knoten an sich schön sind – sie sind eine raffinierte Mischung aus Form und Funktion. Es wäre großartig, würden die alten Knoten nicht in Vergessenheit geraten. Meiner Meinung nach verdienen sie einen Platz in unserem Alltag.

MIKI

# KNOTENKUNDE

Wenn man sich mit Knoten beschäftigen will, begegnen einem zunächst ihre Bezeichnungen. Häufig muten diese etwas altertümlich an. Und weil die Namen eng mit der Geschichte der Seefahrt verbunden sind, erschließt sich aus ihnen nicht immer, was sie bedeuten. Worte wie Schnur, Seil und Knoten sind vermutlich leichter zu verstehen als Tauwerk, Trosse und Kardeel. Oft beschreiben die Knotennamen die traditionellen Anwendungsbereiche. Derselbe Knoten kann verschiedene Namen haben, je nachdem, wofür er verwendet wird. Außerdem vermischen sich englische und deutsche Namen durchaus recht munter.

Ich lege keinen großen Wert auf Sprachgeschichte, sondern will dir zeigen, was du mit Knoten im Alltag alles machen kannst. Ob dir nun ein Knoten, ein Stek, eine Knüpfung oder eine Verschnürung begegnet, ist nicht von vorrangiger Bedeutung. Es gibt jedoch Fachbegriffe, mit denen sich gut beschreiben lässt, wie man vorzugehen hat. Dazu gehören die Begriffe **DER FESTE TEIL** und **DER LOSE TEIL**, **DIE BUCHT** (eine u-förmige Grundform) und **DAS AUGE**. Mit ihnen werden wir uns näher beschäftigen.

Dass ein Knoten hält, hat mit Reibung zu tun. Diese Reibung entsteht, wenn verschiedene Teile eines oder mehrerer Seile aneinander liegen. Reibung entwickelt sich ebenfalls, wenn das Seil um einen Gegenstand gewickelt wird. Je mehr Kontakt besteht und je mehr Strukturen das Seil und die Oberfläche des Gegenstands haben, desto größer ist die Reibung insgesamt.

Sich mit Knoten zu beschäftigen, stellt an sich ein ungefährliches Hobby dar, aber ich möchte dich trotzdem auf ein paar Dinge hinweisen: Verwende Seile und Schnüre, die für die jeweiligen Anwendungsbereiche auch geeignet sind. Es wäre ärgerlich, wenn etwas herunterfällt und zu Bruch geht, weil das Seil nicht haltbar genug ist. Beachte auch, dass sich die Reißfestigkeit des Seils mit jedem Knoten verringert. Seile sind zugfest, aber anfällig für Abrieb. Achte darauf, dass das Seil nicht über scharfe oder raue Oberflächen läuft. Übe keinesfalls mithilfe von Körperteilen das Knoten – manche Knoten wirken wie Schlingen und können nur schwer wieder gelöst werden.

Außer dem eigentlichen Seil sind eine **SCHARFE SCHERE** oder ein **MESSER** nützlich, um das Seil abzuschneiden, sowie ein dünner Draht, um das Ausfransen der Seilenden zu verhindern. Griffbereit sollte auch ein **FEUERZEUG** sein. Mit dem Feuerzeug können die Enden synthetischer Seile abgeflammt werden.

# VERSCHIEDENE ARTEN VON SEILEN

Seile können in zwei Hauptgruppen unterteilt werden: Es gibt Seile aus **SYNTHETISCHEN MATERIALIEN** (wie Nylon, Polyester und Dacron) und Seile aus **NATURMATERIALIEN** (wie Hanf, Baumwolle und Sisal). Synthetikmaterialien sind wesentlich stärker und leichter als Naturmaterialien, können aber empfindlich auf Sonnenlicht reagieren. Seile aus Naturmaterialien zeigen sich dagegen empfindlicher gegen Feuchtigkeit. Naturmaterialen finden oft bei Makramee-Arbeiten Verwendung. Die Fans der Paracord-Knoten greifen allerdings meist zu Synthetikmaterialien. Ich suche mir je nach Projekt und Anwendungsbereich das passende Seil aus.

Betrachtet man sich ein Seil etwas genauer, dann kann man sehen, dass es entweder **GESCHLAGEN** oder **GEFLOCHTEN** wurde. Ein geschlagenes Seil besteht häufig aus drei sogenannten **KARDEELEN**, also aus drei Strängen im Seil, die dicht ineinander verdreht sind. Synthetische Seile sind überwiegend geflochten und haben oft einen Kern mit besonderen Eigenschaften. Beim Klettern unterscheidet man beispielsweise zwischen statischen und dynamischen Seilen, wobei die letztgenannten elastischer sind, sodass sie beim Sturz mehr Seildehnung bieten.

Bedingt durch ihren Aufbau können Seile leicht ausfransen, wenn man sie abschneidet. Um feste Abschlüsse an den Seilenden zu erhalten, kannst du verschiedene Techniken nutzen. Seile aus Naturmaterialien kannst du zum Beispiel **UMWICKELN (TAKLING)**, das wird auf Seite 15 gezeigt. Bei synthetischen Seilen lässt sich das Ausfransen verhindern, indem man die Enden mit einer Flamme **VERSCHMILZT**. Wie das funktioniert, siehst du auf Seite 16. Eine dritte Möglichkeit besteht in der Verwendung von Schrumpfschlauch, dazu steht mehr auf Seite 17.

Wenn du anfängst, dich mit Knoten zu beschäftigen, wirst du rasch merken: Es ist von grundlegender Bedeutung, dass sich die langen Seile nicht verheddern. Die einfache Lösung, um ein unübersichtliches Wirrwarr zu verhindern, besteht im Aufwickeln des Seils. Es gibt viele verschiedene **WICKELTECHNIKEN**, die zu den jeweiligen Seilarten passen. Ab Seite 134 werden die verschiedenen Varianten erläutert.

# BASISKNOTEN UND GRUNDLAGEN

Um mit Knoten vertraut zu werden, ist es sinnvoll, zunächst einige grundlegende, wiederkehrende Elemente zu lernen. Auf dieser Seite findest du Erklärungen zu den Begriffen **FESTER** und **LOSER TEIL, BUCHT, RUNDTÖRN, HALBER SCHLAG UND ÜBERHANDKNOTEN** sowie **SLIP**.

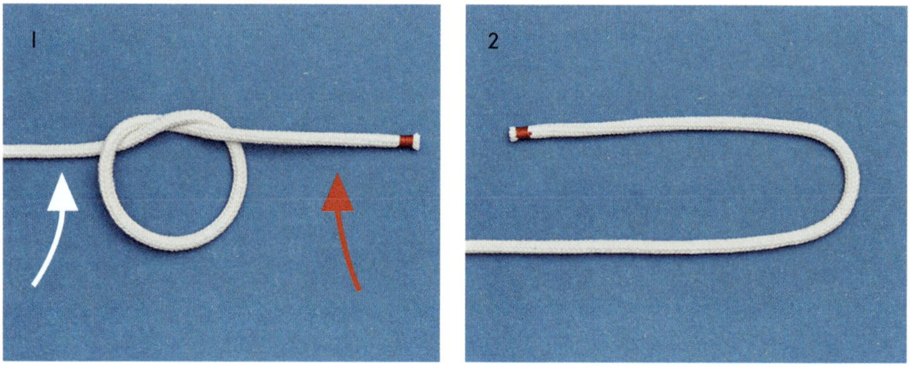


**BILD 1:** *Fester Teil (weißer Pfeil) und loser Teil (roter Pfeil). Der lose Teil ist der Bereich des Seils, mit dem man arbeitet, wenn man einen Knoten knüpft.* **BILD 2:** *Bucht – eine u-förmig gelegte Grundform.*

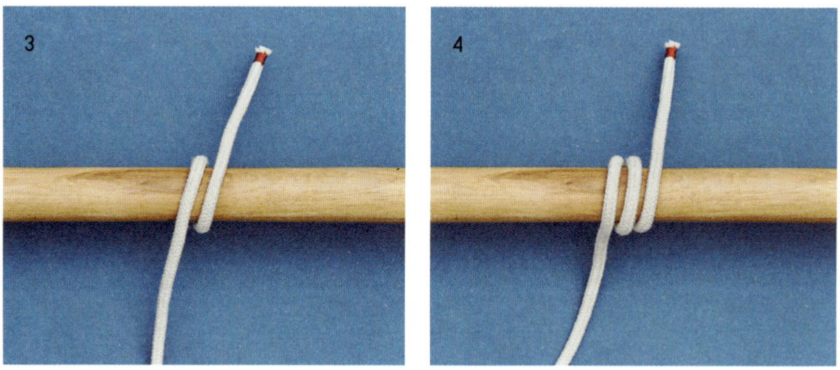


**BILD 3 UND 4:** *Ein Rundtörn entsteht, wenn ein Seil um einen Gegenstand gelegt wird. Dabei sind eine oder mehrere Windungen möglich.*

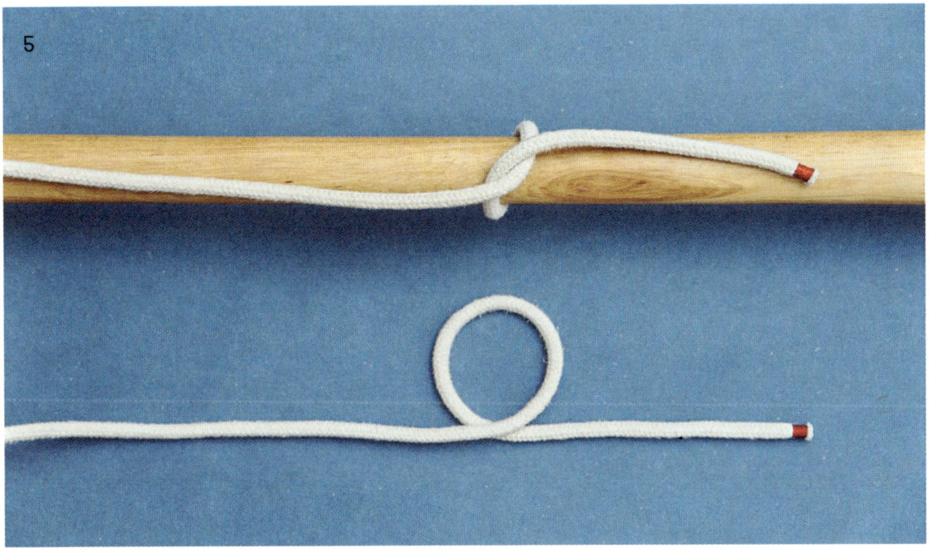


**BILD 5:** *Unten ist das Auge zu sehen – ein Auge stellt in der Regel einen Teilschritt beim Binden eines Knotens dar. Er kann in verschiedene Richtungen ausgeführt werden, dabei ist darauf zu achten, wo der feste und wo der lose Teil ist. Wird ein Auge um einen Gegenstand gelegt, nennt man es halber Schlag.*

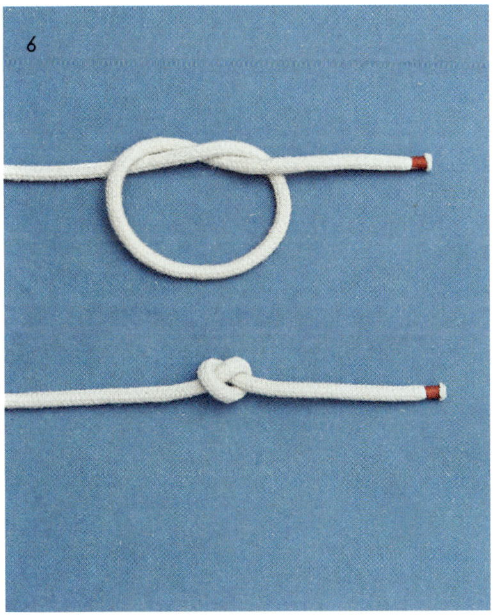


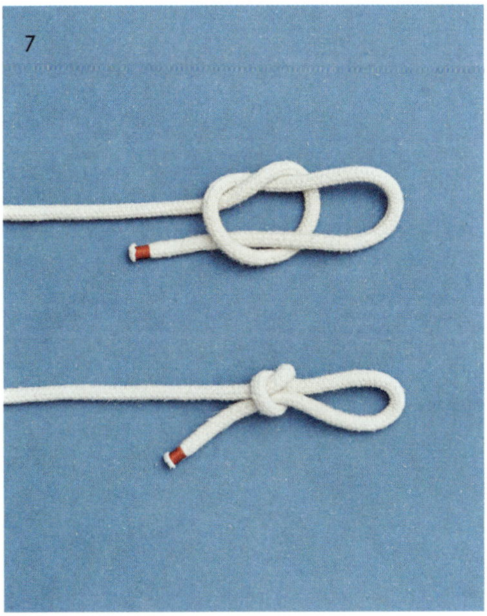


**BILD 6:** *Überhandknoten.* **BILD 7:** *Überhandknoten mit Slip, also mit dem Abschluss durch eine Bucht – dieser Abschluss kann schnell gelöst werden.*

# SCHOTSTEK

Mit einem **SCHOTSTEK** kann man zwei unterschiedlich starke Seile effektiv zusammenfügen. Mit dem dickeren Seil legt man nur eine Bucht. Die beiden losen Teile des Seils sollen auf derselben Seite des Knotens herauskommen. Um den Knoten zusätzlich zu sichern, kann man einen **DOPPELTEN SCHOTSTEK** binden, dafür ist eine zusätzliche Umwicklung nötig.

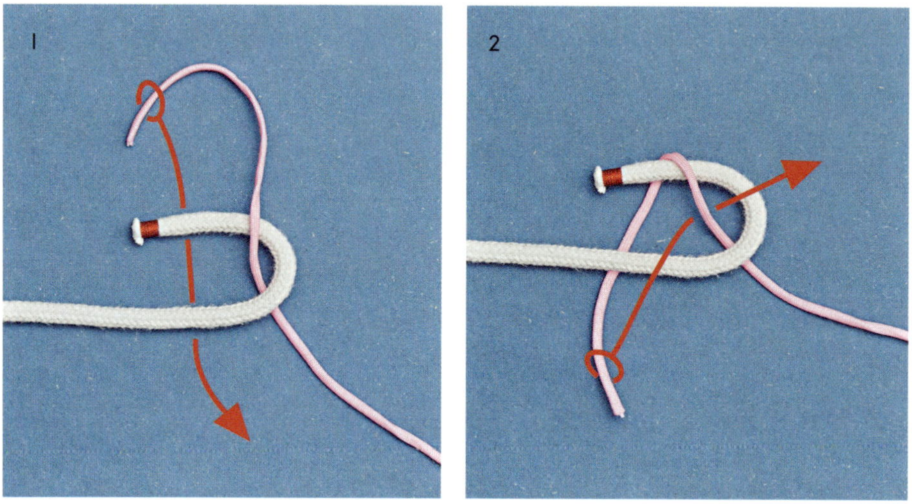


**BILD 1:** *Mit dem dickeren Seil eine Bucht legen. Das dünnere Seil von unten her durch die Bucht fädeln.* **BILD 2:** *Die losen Teile so legen, dass sie ein Kreuz bilden.*

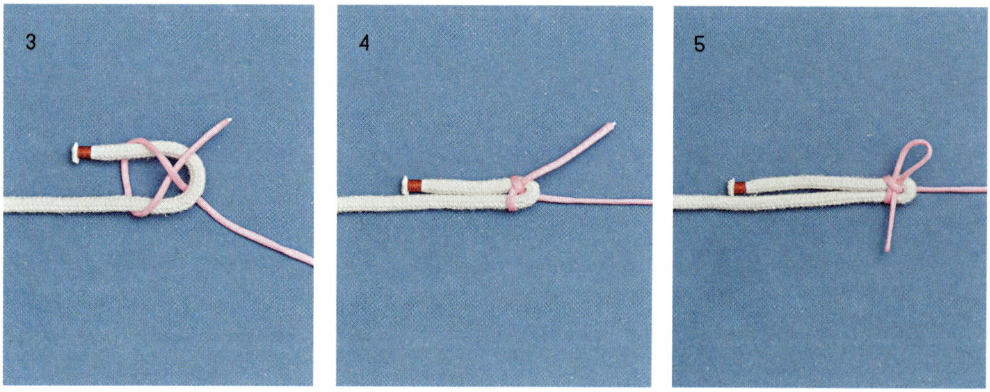


**BILD 3:** *Die Bucht des dickeren Seils halten und zunächst den losen Teil des dünneren Seils festziehen, anschließend den festen Teil des dünneren Seils.* **BILD 4:** *Das dünnere Seil braucht möglicherweise etwas Unterstützung, um nah an der Bucht des dickeren Seils zu liegen. Damit soll verhindert werden, dass der Knoten aufgeht.* **BILD 5:** *Der Schotstek kann auch mit einem Slip abgeschlossen werden.*

Ein **TAKLING** verhindert, dass die Seilenden ausfransen. Dafür wickelt man einen Draht oder eine dünne Schnur um die Enden. Ich habe hier eine **MAURERSCHNUR** aus Synthetik verwendet.

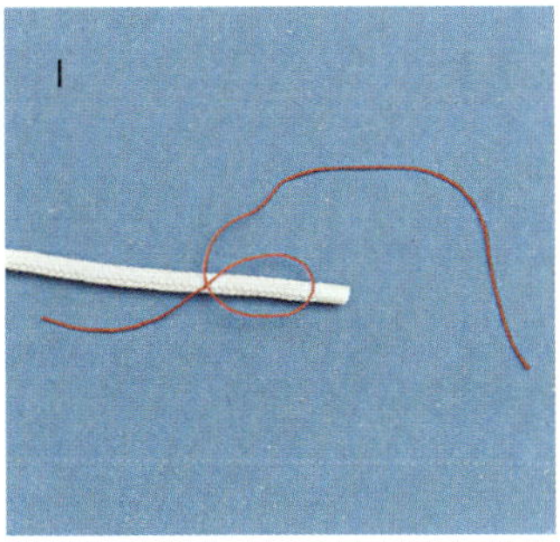

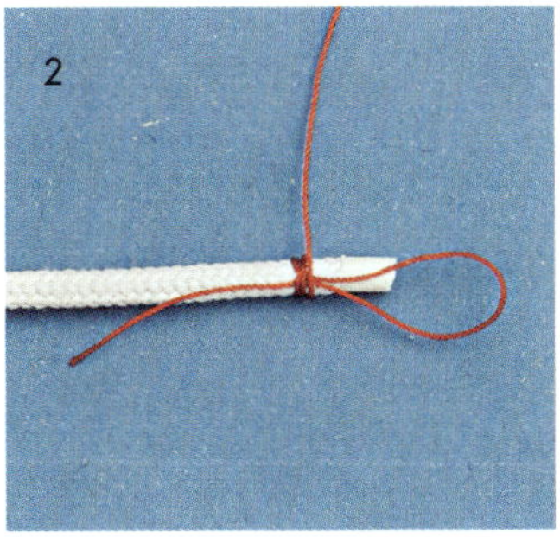

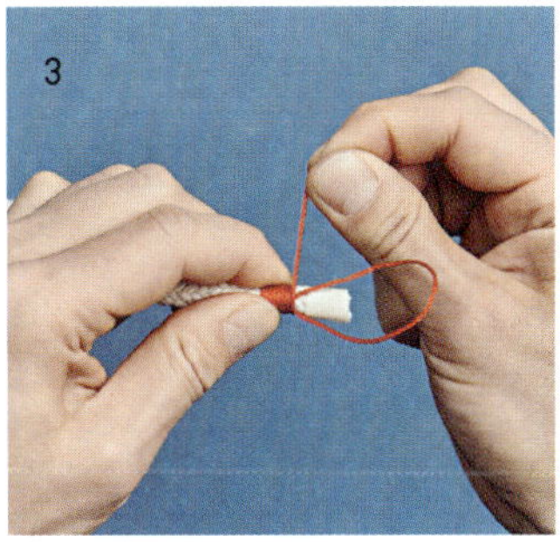


**BILD 1:** *Mit der Schnur eine Bucht auf das Seil legen oder ein Auge – dabei auf genügend Abstand zum Seilende achten.* **BILD 2:** *Um das Seil und die Bucht oder das Auge Rundtörns wickeln, bis die Umschlingung so breit ist wie der Durchmesser des Seils.* **BILD 3:** *Die Schnur dabei straff spannen.*

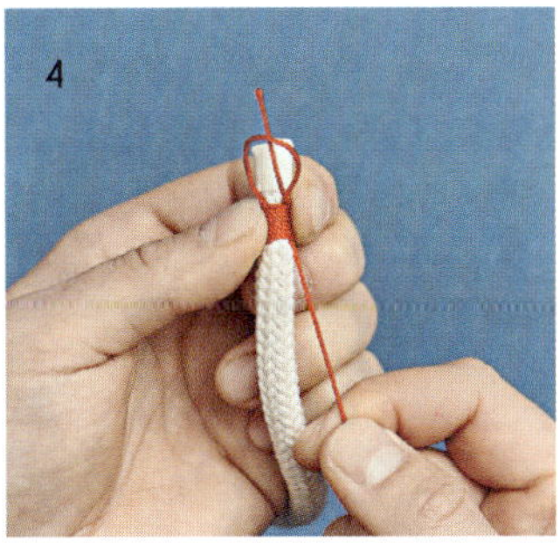

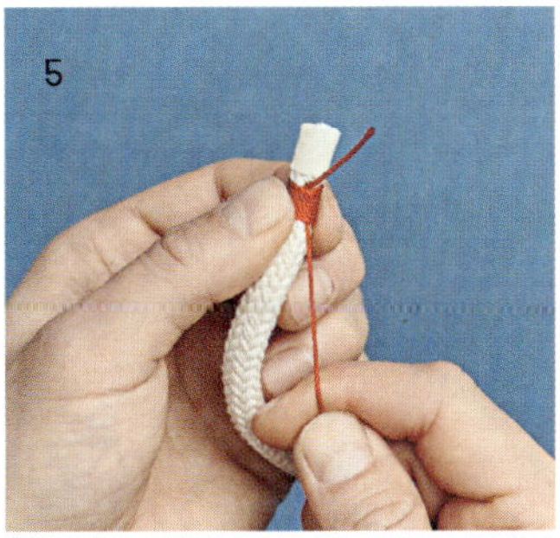

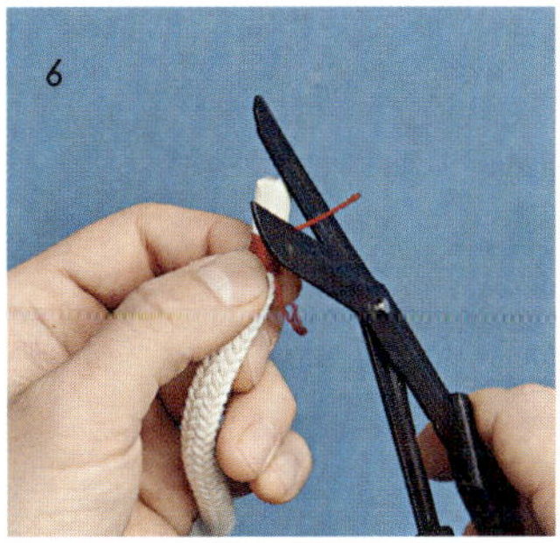


**BILD 4:** *Den losen Teil der Schnur durch die Bucht führen, um dieses mit dem festen Teil zu sichern.*
**BILD 5:** *Anziehen.* **BILD 6:** *Die Enden der Schnur abschneiden. Dabei ein paar Millimeter stehen lassen.*

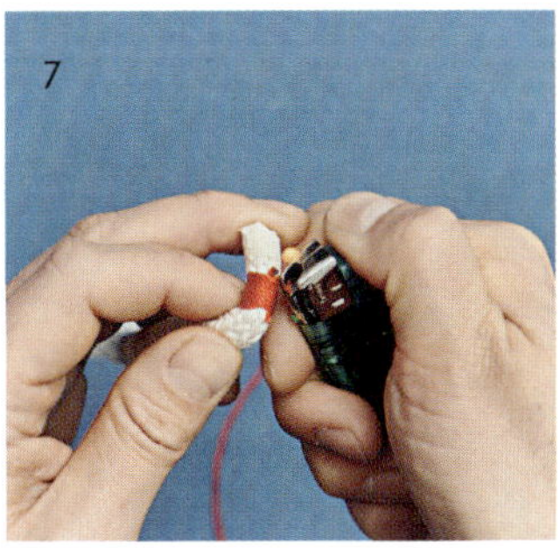

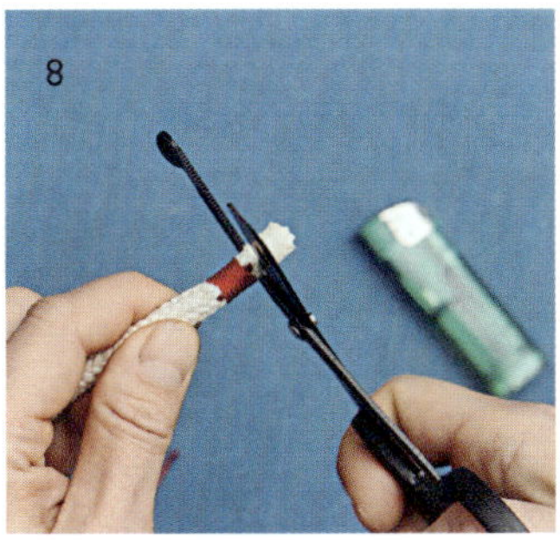

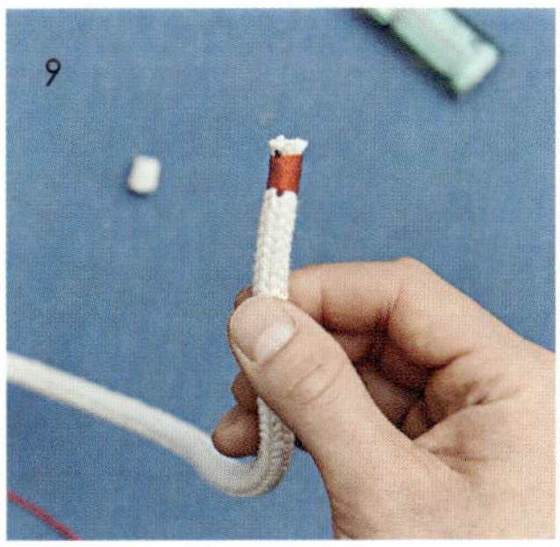


**BILD 7:** *Vorsichtig die Enden der Schnur abflammen.*
**BILD 8:** *Das Seil ein kleines Stück vor der Umwicklung abschneiden.*

# ABFLAMMEN

Es kann sich als schwierig gestalten, ein Seilende ohne Spezialwerkzeug sauber abzuflammen. Hier zeige ich, wie man es dennoch auf einfache Art und Weise hinbekommen kann. (**ACHTUNG**: Das Feuerzeug vorsichtig handhaben!)

## DICKERES SEIL AUS SYNTHETIKMATERIAL

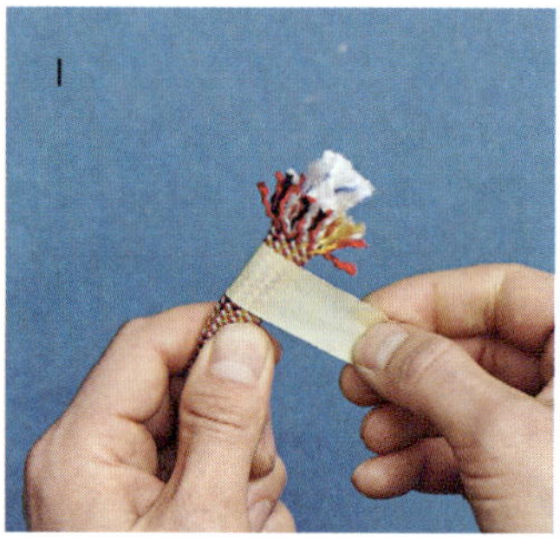

**BILD 1:** *Etwas unterhalb des Endes das Seil mit Malerkreppband umwickeln.* **BILD 2:** *Mit einem scharfen Messer das Kreppband mittig durchschneiden und ebenso das darunterliegende Seil.*

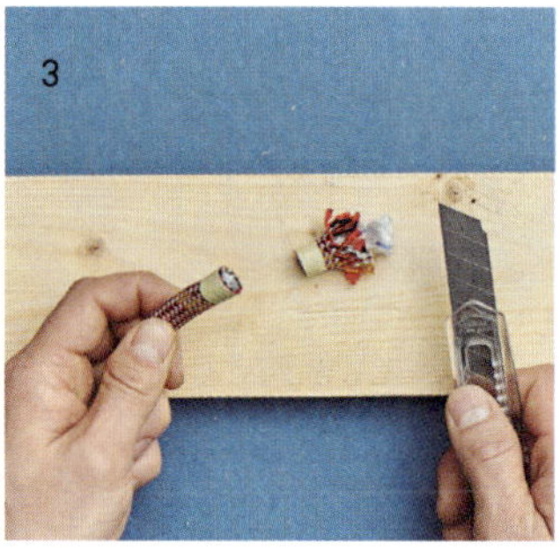

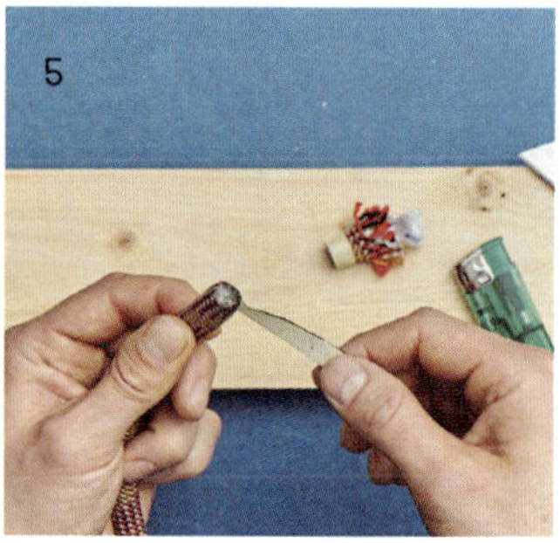


**BILD 4:** *Die Schnittstelle vorsichtig mit einem Feuerzeug abflammen. Dabei die Flamme seitlich anhalten und darauf achten, dass das Seil nicht Feuer fängt. Das glimmende Ende ausdrücken.* **BILD 5:** *Das restliche Malerkreppband abziehen.*

## DÜNNERES SEIL AUS SYNTHETIKMATERIAL

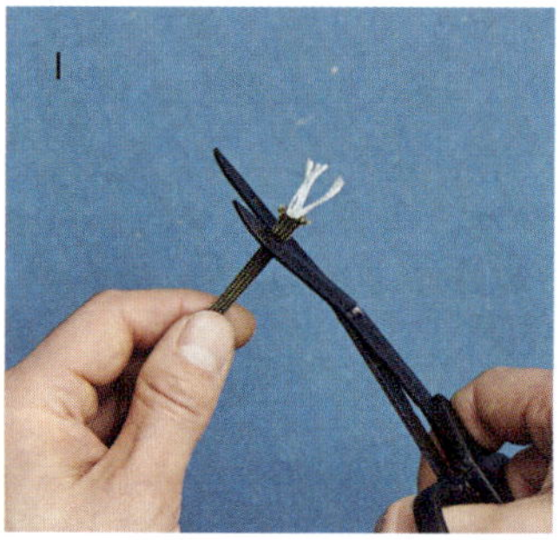


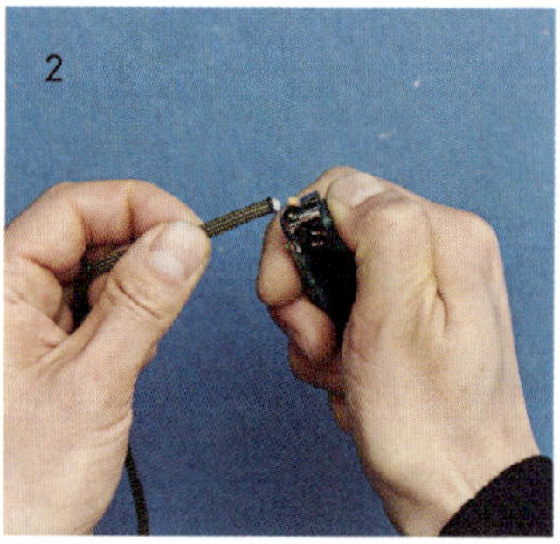


**BILD 1:** *Das Seil ein Stück abschneiden, damit ein sauberes Ende entsteht.* **BILD 2:** *Vorsichtig von der Seite mit der Flamme abflammen.*

Der Schrumpfschlauch ist eigentlich ein Artikel aus dem **ELEKTROFACHHANDEL** – mit ihm ist ein alternatives Vorgehen zum Umwickeln der Seilenden (Takling) möglich. Der Schlauch zieht sich bei Wärme zusammen und bildet einen guten Abschluss, du kennst das zum Beispiel von Schnürsenkeln. Der Schrumpfschlauch kann sowohl für Synthetik- als auch für Naturmaterialien verwendet werden, er darf sich aber nicht zu sehr erhitzen, da sonst das Seil selbst schmilzt. Wer keine **HEISSLUFTPISTOLE** zur Hand hat, kann auch einen **HAARTROCKNER** nehmen, dann dauert es nur etwas länger.

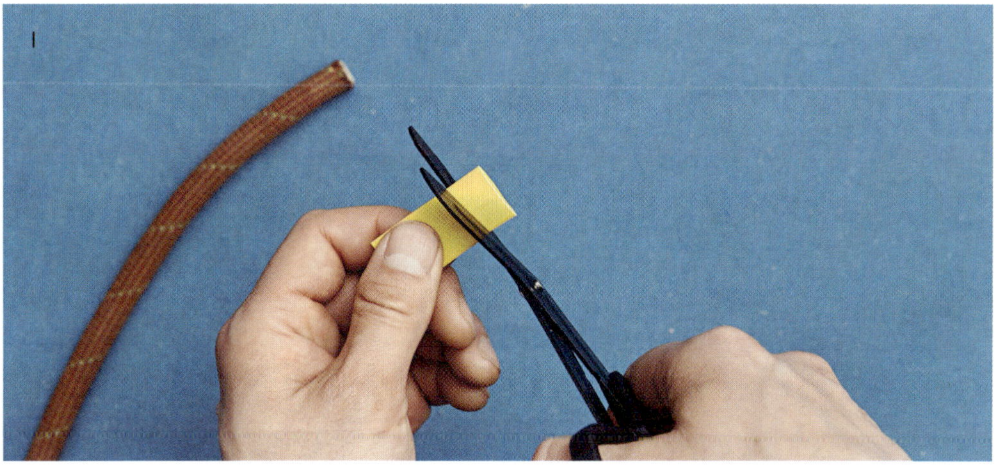


**BILD 1:** *Ein Stück Schrumpfschlauch in passender Länge abschneiden.*

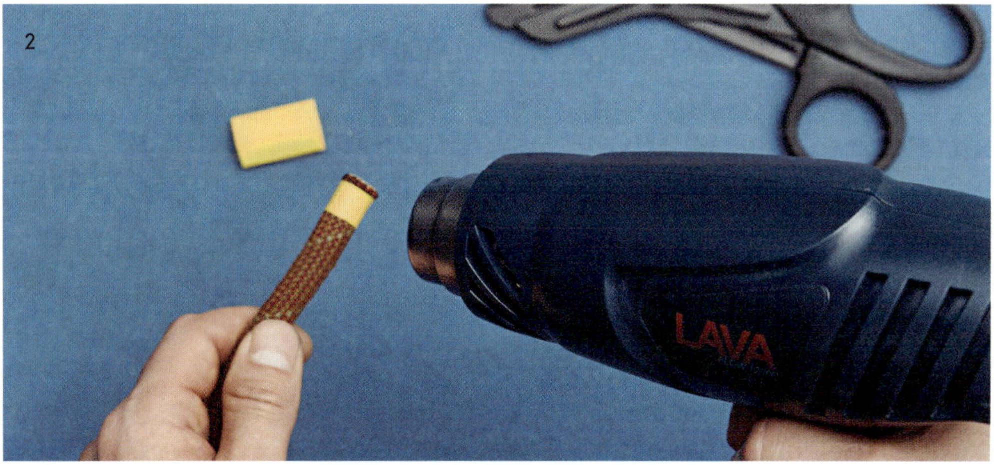


**BILD 2:** *Vorsichtig mit der Heißluftpistole erwärmen.*

# PROJEKTE

# HÖHENVERSTELLBARE AMPEL

Ich bin immer wieder fasziniert von dieser genialen Lösung: Auf **MECHANISCHE ART UND WEISE** wird das Seil verlängert oder verkürzt, ohne dass man auch nur einen Knoten lösen muss. Allein durch das **VERSCHIEBEN DER KNOTEN** kann man die Höhe verändern – das ist einfach perfekt für Lampen geeignet, für Blumenampeln und für alles, was man an der Decke aufhängen will.

Ich habc auch gesehen, dass amerikanische Feuerwehrleute die Technik in größerem Stil verwendet haben, um ein Seil ganz straff zwischen zwei Befestigungspunkten zu spannen.

KNOTEN:
*Palstek*
*Poldo Talje*

GEEIGNETE SEILE ODER SCHNÜRE:
*Dünneres Seil aus Synthetik- oder Naturmaterial*

# PALSTEK

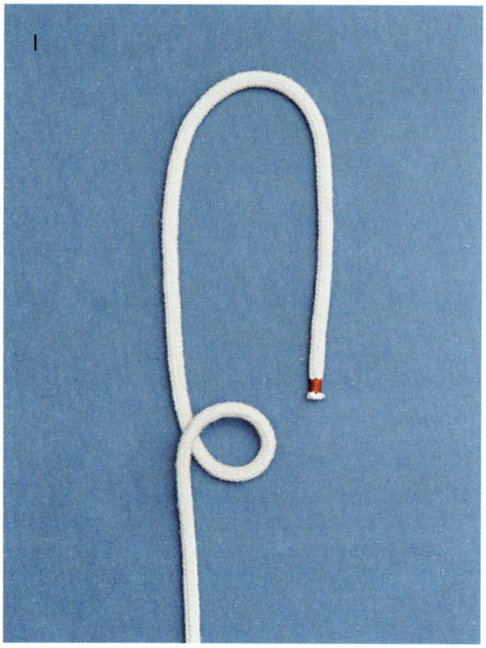


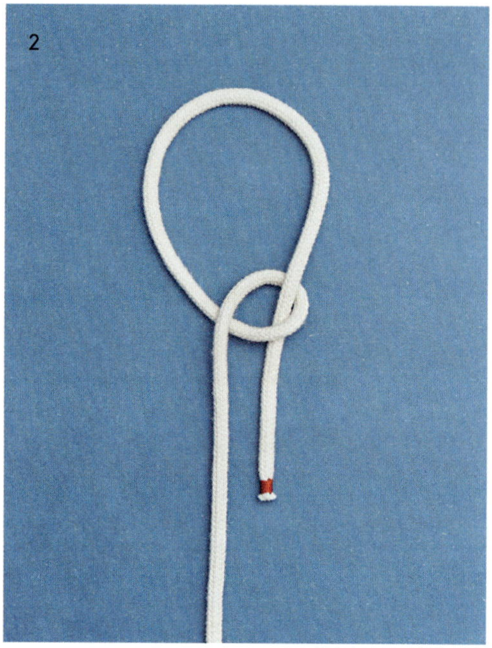


**BILD 1:** *Ein Auge legen und dabei genügend Seil lose lassen. Achte darauf, in welche Richtung du das Auge machst.* **BILD 2:** *Ziehe das lose Teil durch das Auge.*

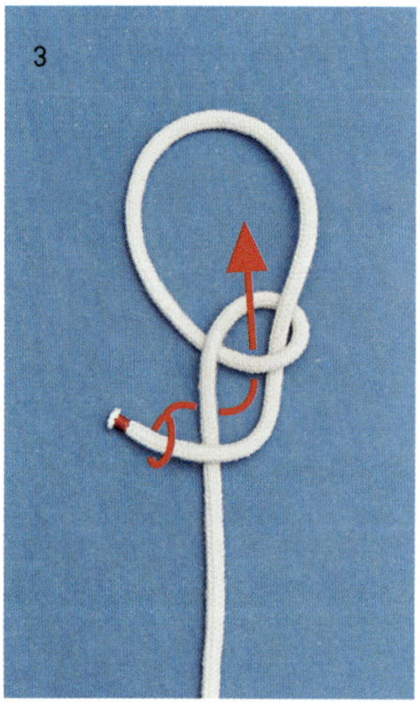


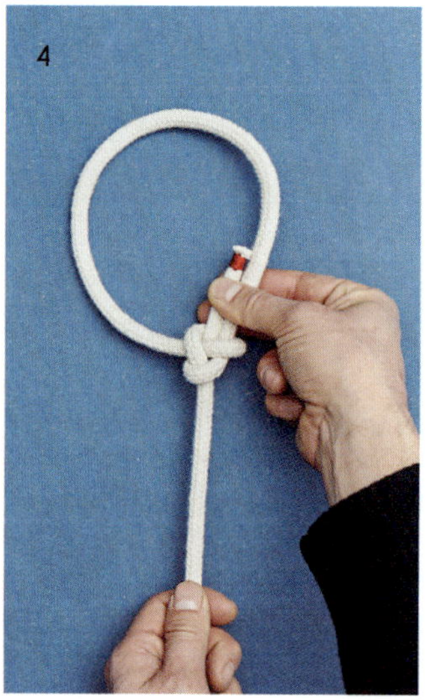


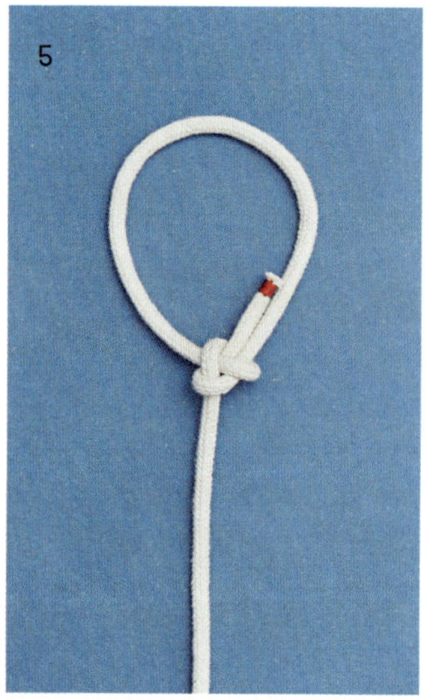


**BILD 3:** *Führe das lose Teil über den festen Teil und fädle es von unten durch das Auge.*
**BILD 4:** *Zuziehen. Beachte, dass der lose Teil parallel zur Seilinnenseite liegt.* **BILD 5:** *Fertig!*

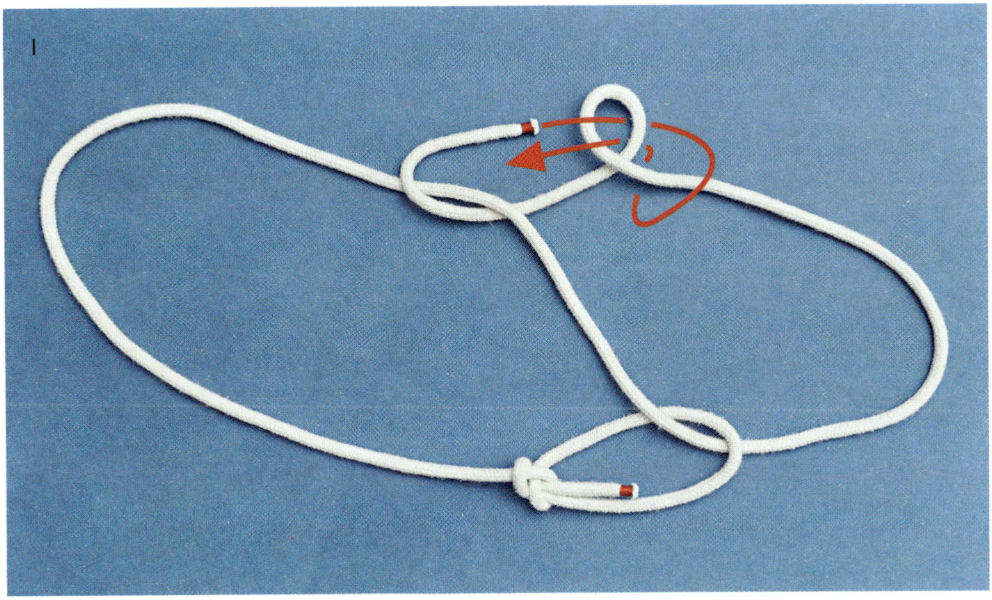


**BILD 1:** *An dem einen Ende des Seils einen Palstek schlagen, siehe vorherige Seite. Das andere Seilende durch das Auge ziehen und einen Palstek um den festen Teil legen.*

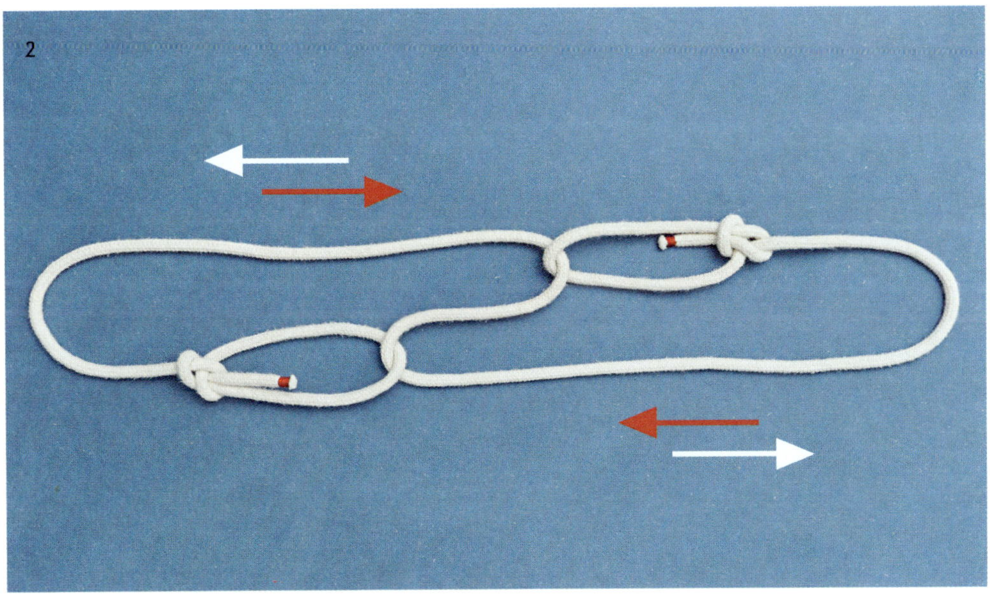


**BILD 2:** *Verkürze (roter Pfeil) oder verlängere das Seil (weißer Pfeil), indem du jeweils gleichzeitig in die jeweiligen Pfeilrichtungen ziehst.*

# GARDEROBEN-ORGANIZER

Wenn du mehrere Kleidungsstücke, Krawatten und Tücher an eine Garderobenstange hängen willst, haben wir hier eine praktische Lösung: Mithilfe einiger Rundstäbe und eines Seils machst du dir schnell einen Garderoben-Organizer, genau passend für deinen Bedarf. Je nachdem, welchen Knoten du zu Beginn verwendest, kann der Organizer parallel zur Stange (**KELLIGSTEK**) oder im rechten Winkel dazu hängen (**DOPPELTER HALBER SCHLAG MIT EINEM EXTRA HALBEN SCHLAG**). Mit **MARLSPIEKERSCHLAG** werden die Leiterstäbe an jedem Ende fixiert. Diese sind auch ideale Knoten, wenn du etwas richtig fest anziehen musst, du dir dabei das Seil aber nicht um die Hand wickeln willst.

**KNOTEN:**
*Kelligstek um die obere Stange*
*Doppelter halber Schlag mit einem extra halben Schlag*
*Marlspiekerschlag*

**GEEIGNETE SEILE ODER SCHNÜRE:**
*Dünneres Seil aus Synthetik- oder Naturmaterial*

# KELLIGSTEK UM DIE STANGE

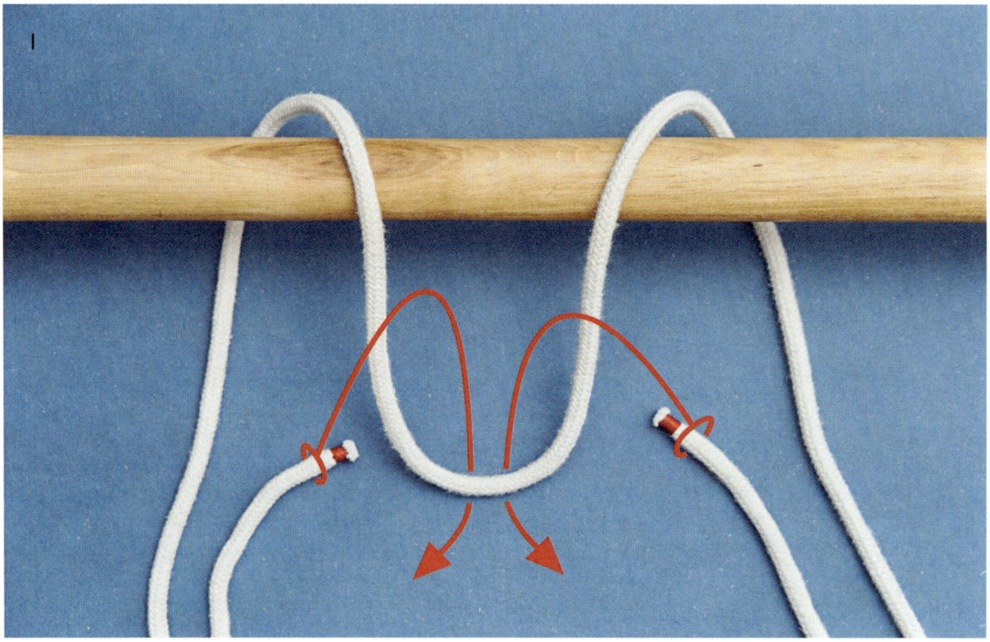


**BILD 1 UND 2:** *Eine Bucht über die Stange legen und die Seile den Pfeilen entsprechend durchfädeln.*

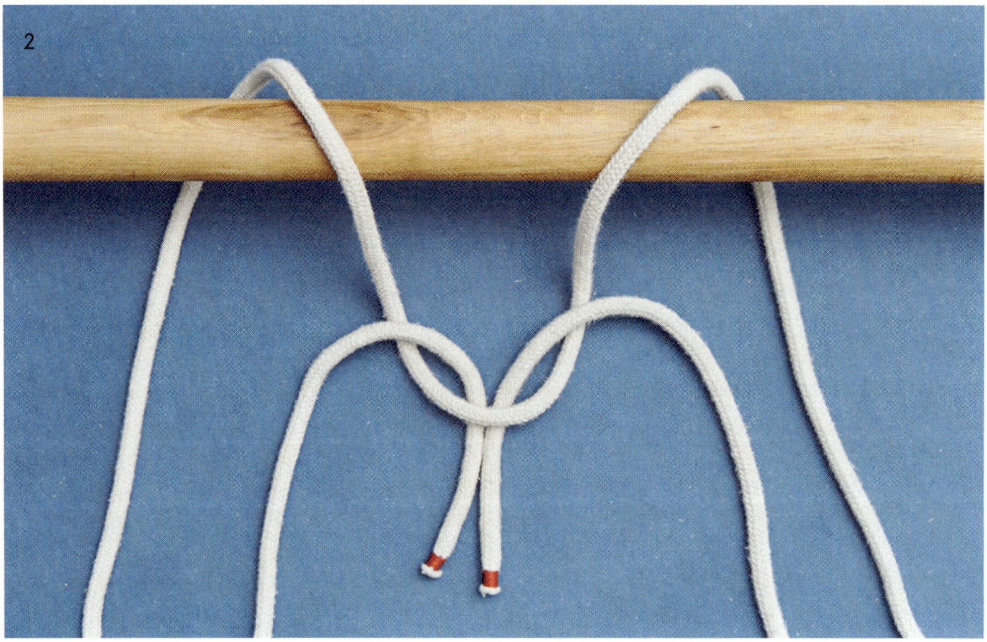

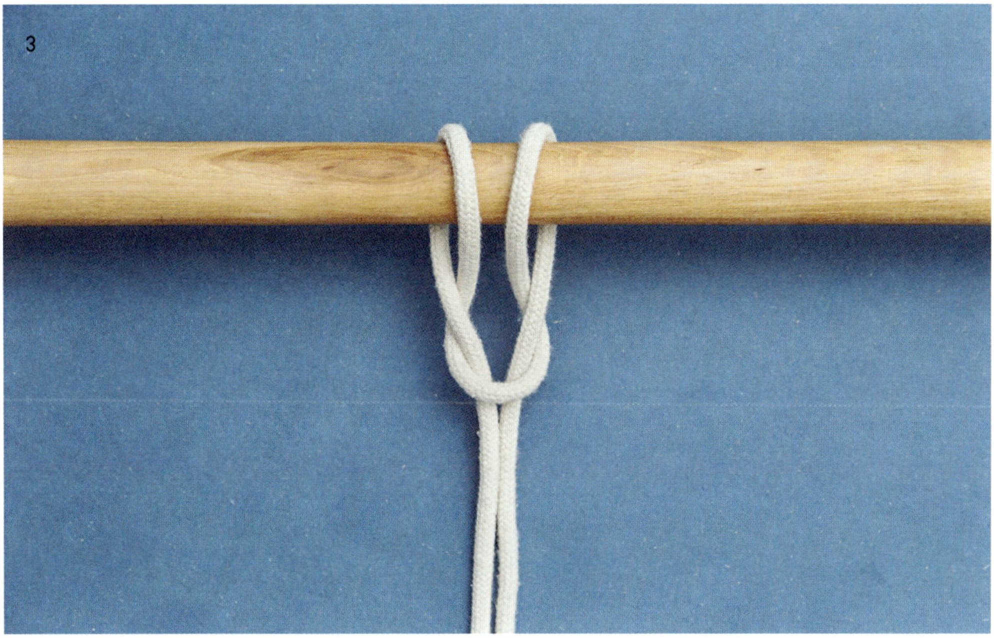


**BILD 3:** *An den Enden ziehen, bis es nicht mehr geht.*

**BILD 4:** *Beim Zuziehen zum Schluss etwas nachhelfen. Die Bild zeigt den Knoten von zwei Seiten. Fertig!*

# DOPPELTER HALBER SCHLAG MIT EINEM EXTRA HALBEN SCHLAG

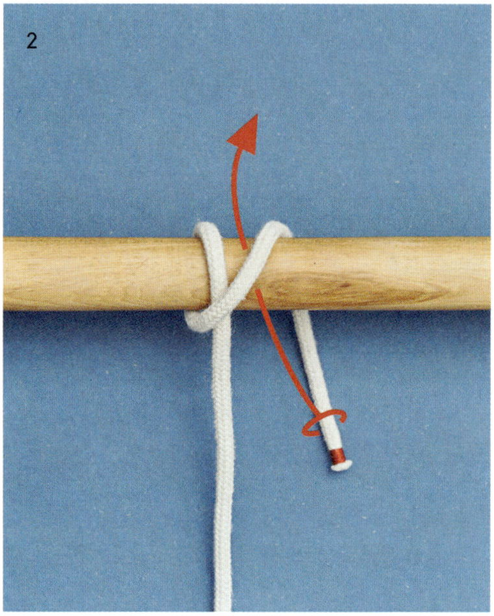


**BILD 1:** *Einen halben Schlag um die Stange legen.*
**BILD 2:** *Einen weiteren halben Schlag anfügen und das Seil dabei dem Pfeil entsprechend durchfädeln.*

**BILD 3:** *Anziehen.*

**BILD 4:** *Noch einen halben Schlag dem Bild entsprechend legen.*

**BILD 5:** *Wieder anziehen. Fertig!*

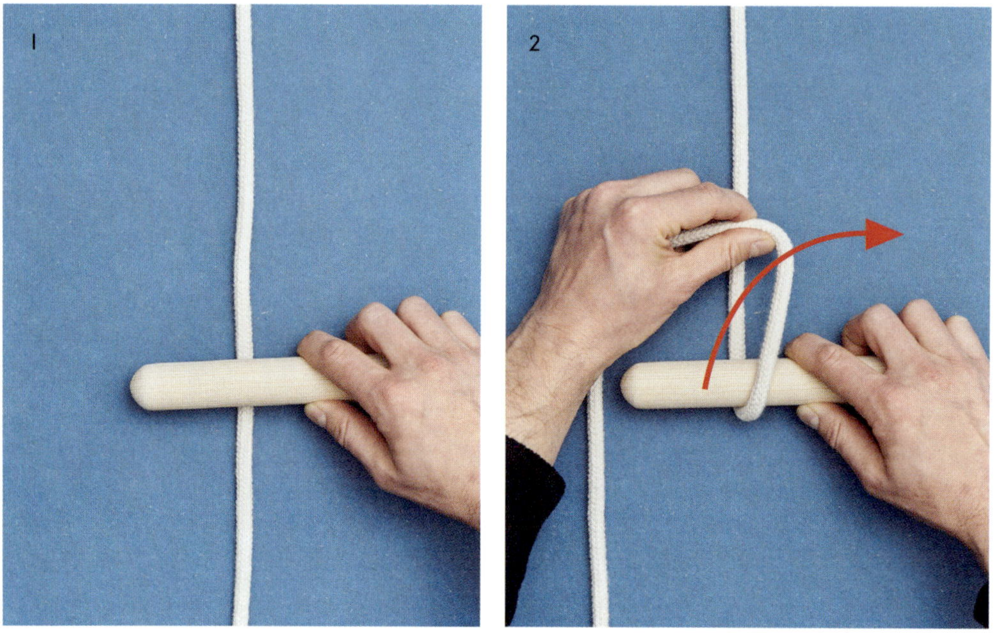


**BILD 1 UND 2:** *Den Rundstab auf dem Seil platzieren und das Seil den Pfeilen entsprechend um ihn legen.*

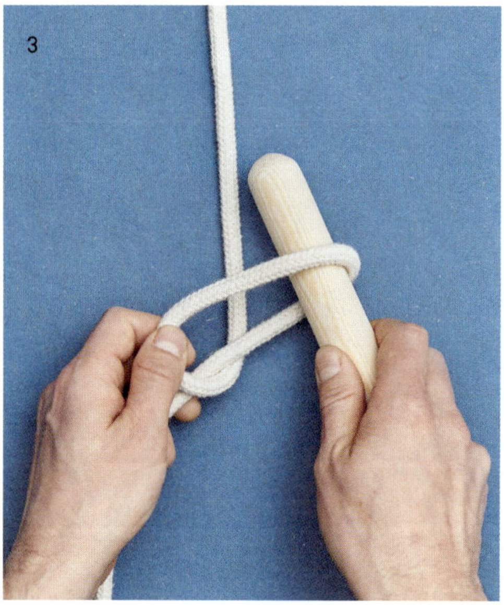


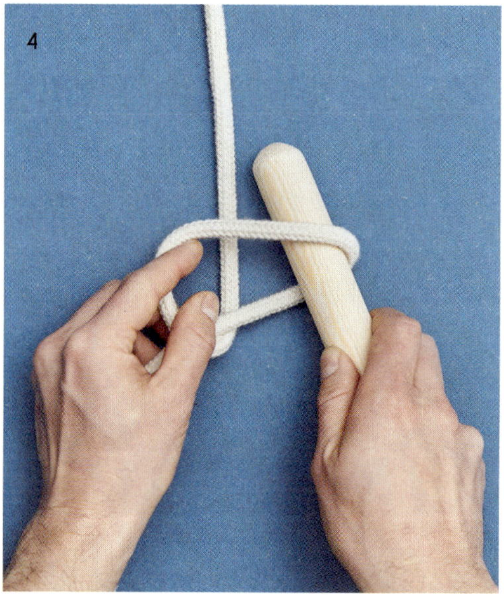


**BILD 3:** *Mit dem Seil eine Windung gestalten und diese mit dem linken Daumen und Zeigefinger festhalten.*
**BILD 4:** *Die Windung so ausrichten, dass sie auf dem Seil liegt.*

**BILD 5:** *Den Rundstab durchstecken.*

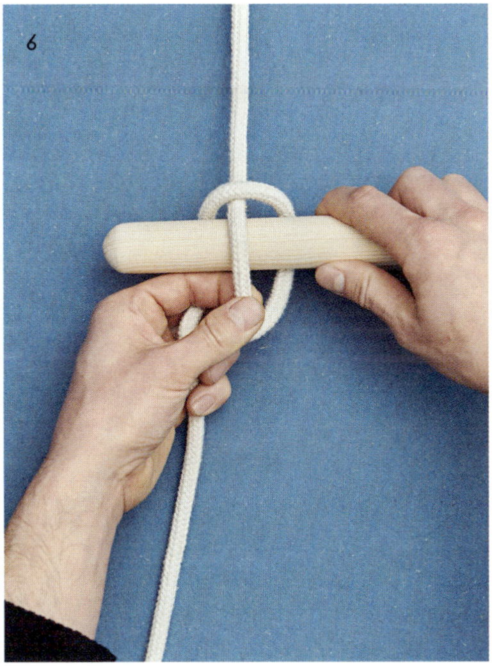


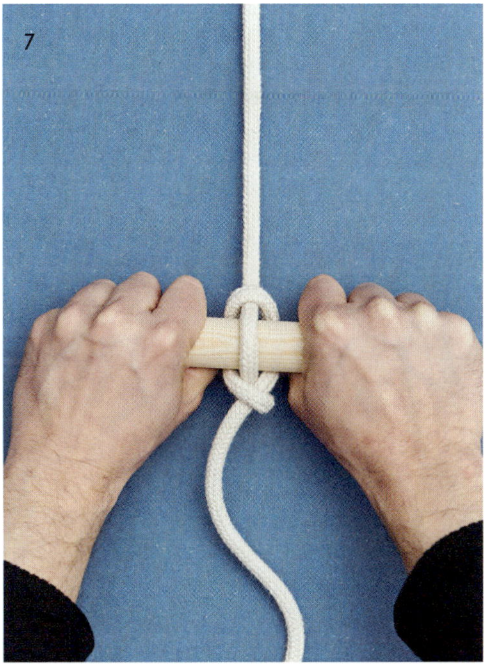


**BILD 6 UND 7:** *So erhältst du auch einen nützlichen Griff, wenn du kräftig an einem Seil ziehen willst.*

# DECKENAUFHÄNGUNG FÜR EIN FAHRRAD

Wenn du wenig Stellplatz in der Wohnung hast und dein Rad auch nicht auf der Straße stehen lassen willst, dann kannst du es an der Decke aufhängen. Bei dieser Lösung nutzt du drei verschiedene Knoten: **PALSTEK, FARRIMOND FRICTION HITCH** und **AFFENKETTE**. So kannst du das Fahrrad sowohl hochziehen als auch absenken und hast es dabei gut unter Kontrolle. Mit der Affenkette lässt sich das überstehende Seilende schnell verkürzen, damit es nicht unter dem Rad heraushängt. Die Technik ähnelt dem Häkeln von Luftmaschen und du wirst sie schnell beherrschen. Durch einen leichten Ruck löst sich die ganze Kette auf und du hast wieder ein langes Seil, wenn das Rad heruntergelassen werden soll.

KNOTEN:
*Affenkette*
*Palstek, siehe Seite 22*
*Farrimond Friction Hitch, siehe Seite 38*

GEEIGNETE SEILE ODER SCHNÜRE:
*Dünnes Seil aus Synthetikmaterial*

# AFFENKETTE

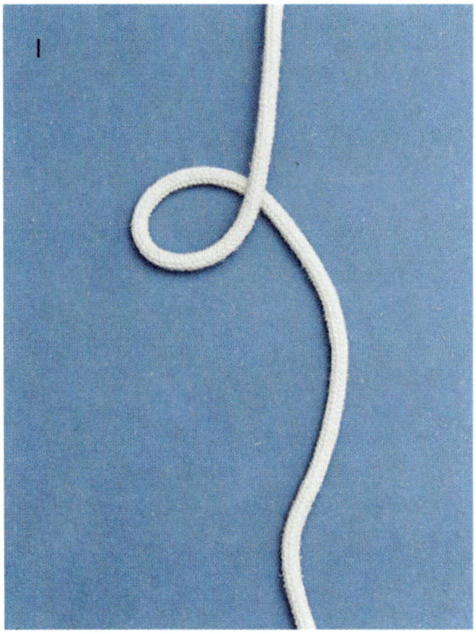


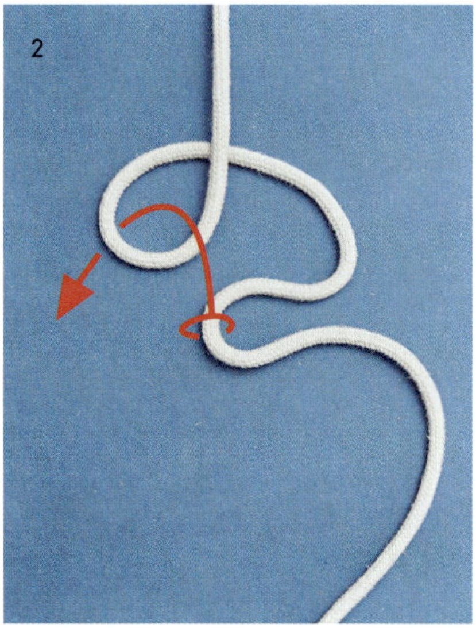


**BILD 1:** *Beginne mit einem Auge.* **BILD 2:** *Führe eine Bucht ein Stück weit durch das Auge.*

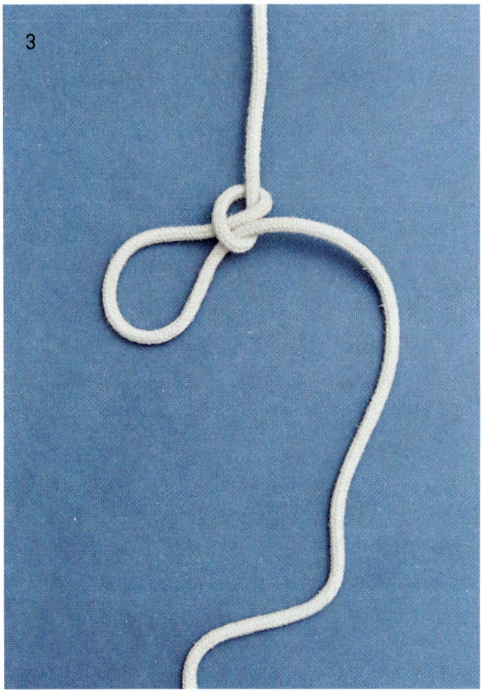


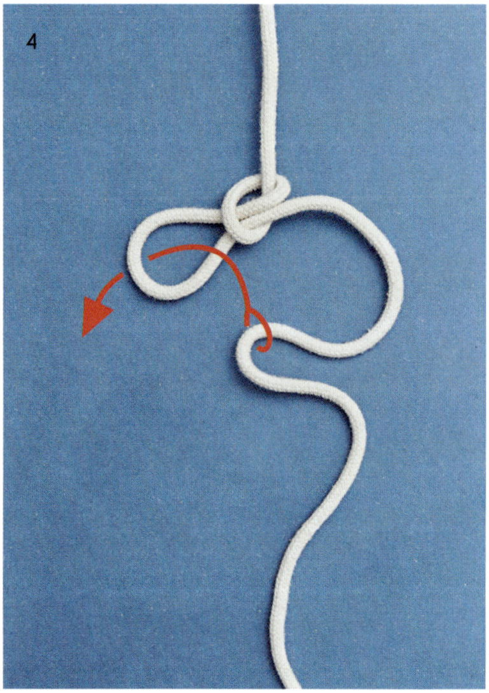


**BILD 3:** *Anziehen.* **BILD 4:** *Eine neue Bucht legen und durch die vorherige Bucht ziehen.*

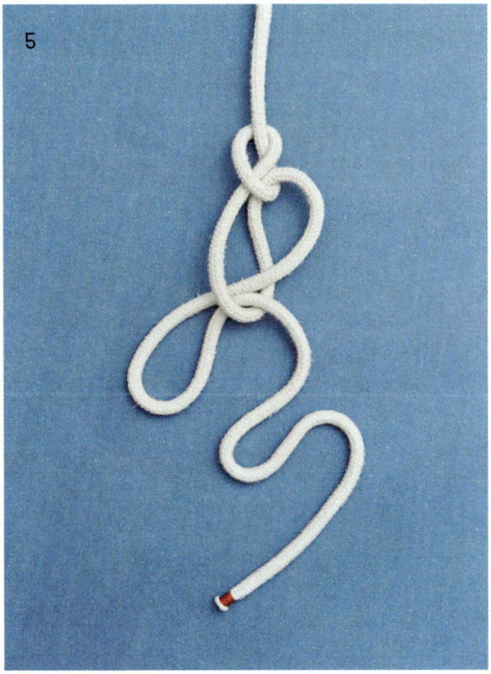


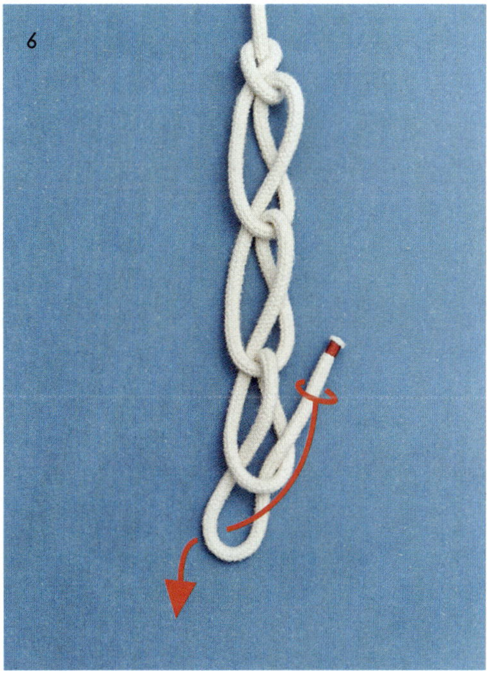


**BILD 5:** *Wiederhole dies, bis du kein loses Seil mehr hast.* **BILD 6:** *Zum Abschluss kannst du das Seilende durch die letzte Bucht ziehen. Dann kann die Kette nicht aufgehen.*

## ANLEITUNG FÜR DIE DECKENAUFHÄNGUNG

*1. Mit einem Seilende einen Palstek um die Sattelstange knoten. Das Seil durch den ersten Befestigungspunkt an der Decke geben. Anschließend durch den zweiten Deckenbefestigungspunkt führen.*

*2. Das Seil unter den Lenker auf der linken Seite winden, dann über die Lenkerstange und dann unter den Lenker auf der rechten Seite.*

*3. Das Seil wieder durch den zweiten Befestigungspunkt an der Decke fädeln. Nun das Rad hochziehen und kontrollieren, ob es gerade hängt. Das Seil um ein Pedal und dann um die Vordergabel hängen. Dann mit einem Farrimond Friction Hitch festknoten.*

*4. Mit dem restlichen Seilende eine Affenkette schlingen.*

# WÄSCHELEINE

Manchmal will man schnell ein Seil spannen – beispielsweise als Wäscheleine oder um sich eine Plane beim Zelten zu improvisieren. Dabei ist der **FARRIMOND FRICTION HITCH** ein nützlicher Klemmknoten, mit dem man das Seil leicht spannen und wieder lösen kann. Es ist ein relativ neuer Knoten, der den Nachnamen seines Erfinders, des englischen Schauspielers Barry Farrimond, trägt. Der Knoten selbst ähnelt dem **PRUSIKKNOTEN**, der dank des Slips schnell gelöst werden kann. Zuerst befestigt man das eine Ende der Wäscheleine mit einem **SEKUNDEN-PALSTEK**, einer schnellen Variation des Palsteks. Am anderen Ende macht man einen Farrimond Friction Hitch, mit dem sich die Spannung der Wäscheleine regeln lässt.

KNOTEN:
*Farrimond Friction Hitch*
*Sekunden-Palstek*

GEEIGNETE SEILE ODER SCHNÜRE:
*Wäscheleine oder dünneres Seil aus Synthetikmaterial*

# FARRIMOND FRICTION HITCH

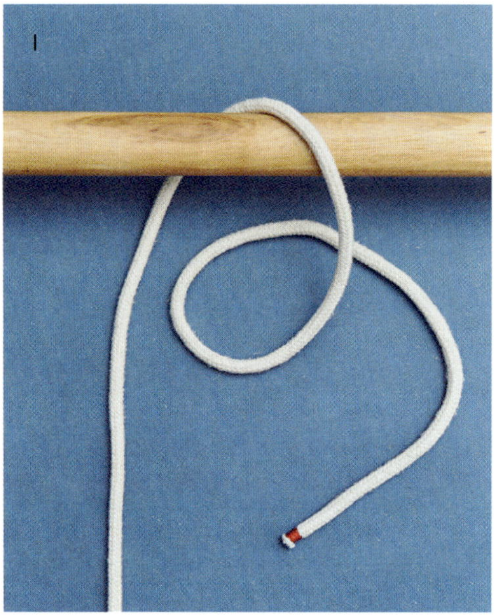


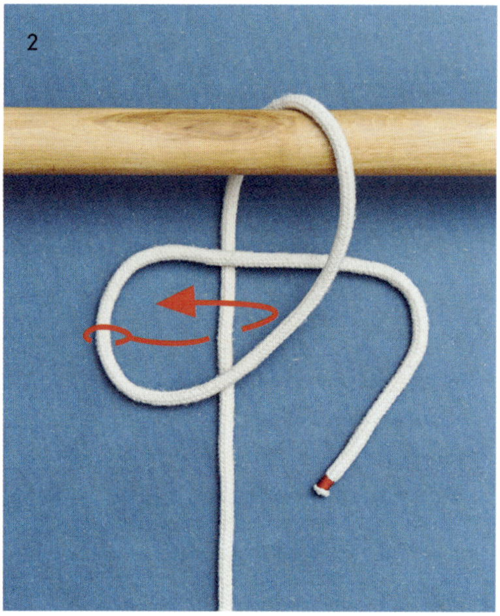


**BILD 1 UND 2:** *Eine Bucht um den Gegenstand legen, an dem das Seil befestigt wird. Ein Auge auf den festen Teil legen und dieses dem roten Pfeil entsprechend unter dem festen Teil durchziehen.*

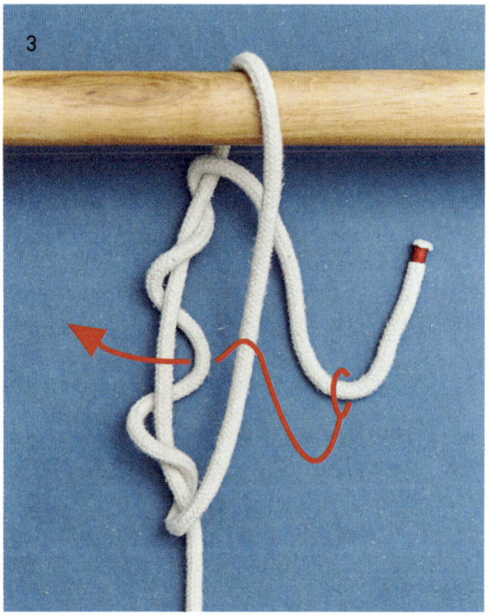


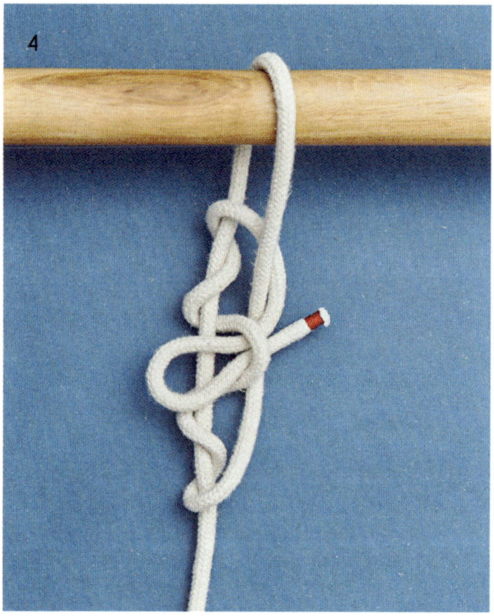


**BILD 3:** *Mit dem losen Teil eine Bucht legen und sie durch das Auge führen, das sich gebildet hat.*
**BILD 4:** *Die Bucht vorsichtig durchziehen und die Rundtörns in die passende Position schieben.*

**BILD 5 UND 6:** *Das Geheimnis des Knotens liegt in der Reibung – dank ihr hält er gut, gleichzeitig kann man ihn schnell aufbinden. Zum Lösen zieht man am losen Teil des Knotens. Fertig!*

# SEKUNDEN-PALSTEK

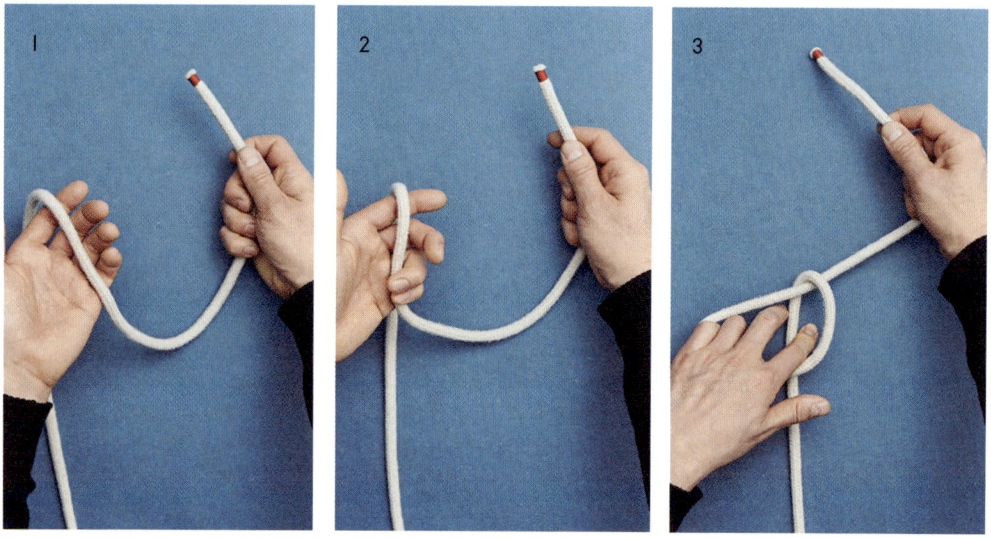


**BILD 1 UND 2:** *Den festen Teil mit dem kleinen Finger und dem Ringfinger festhalten.*
**BILD 3:** *Die Handfläche nach unten drehen, sodass ein Auge entsteht. Den festen Teil mit Zeige- und Mittelfinger greifen und mittig legen.*

**BILD 4:** *Weiter ziehen, bis ein Überhandknoten mit Slip entsteht. Nicht zu fest vorgehen, der Überhandknoten soll nur locker sein.* **BILD 5:** *Den losen Teil durch die Bucht ziehen. Achte darauf, von welcher Seite du arbeitest.*

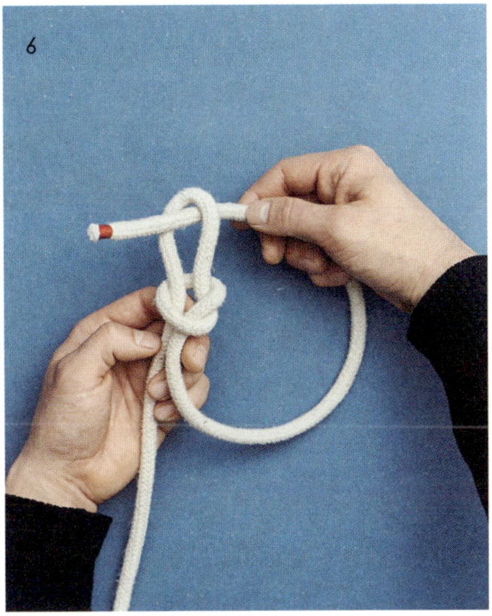


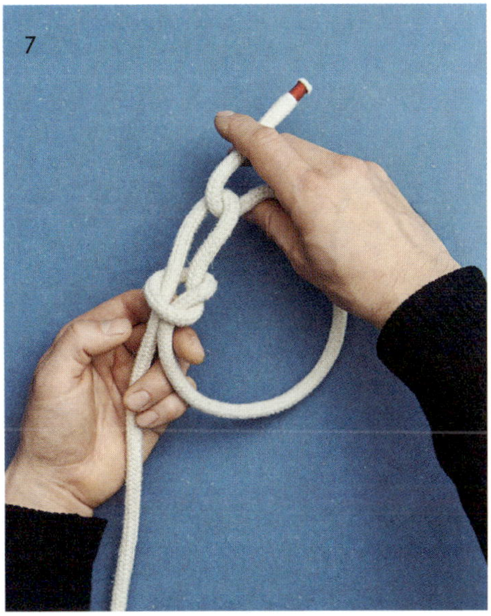


**BILD 6 UND 7:** *Den losen Teil aufnehmen und daraus eine Bucht formen.*

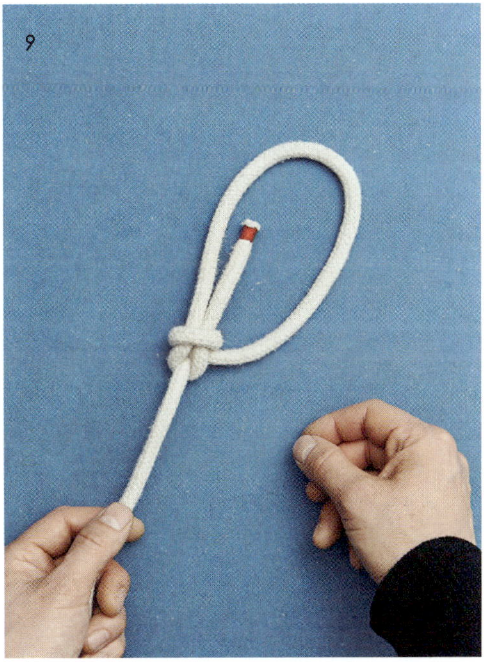


**BILD 8 UND 9:** *Bucht und festen Teil halten und ziehen. Der Überhandknoten legt sich über die Bucht.*

# KNOTEN FÜR DIE YOGAMATTE

Als der schwedische Arzt Hjalmar Öhrwall 1908 sein Buch „Om knutar“ veröffentlichte, auf Deutsch „Über Knoten“, notierte er darin, dass der **KETTENKNOTEN** unter den „Feuerwehrleuten und sportlichen Menschen“ der Favorit sei. Anscheinend kannte Öhrwall damals noch nicht die heutigen Großstädter:innen, die mit ihren Matten zum Bikram-Yoga eilen, denn diese Yoga-Fans haben die größte Freude an dem Kettenknoten. Langweilige Gummibänder passen ja auch schlecht zu diesen sinnlichen Yogapraktiken.

Mit diesem Knoten kann man zum Beispiel auch gut eine Roulade zusammenbinden, aber dann am besten mit einer dünnen Baumwollschnur.

KNOTEN:

*Kettenknoten*

*Überhandknoten mit Slip, siehe Seite 13*

GEEIGNETE SEILE ODER SCHNÜRE:

*Dünneres Seil aus Synthetik- oder Naturmaterial*

# KETTENKNOTEN

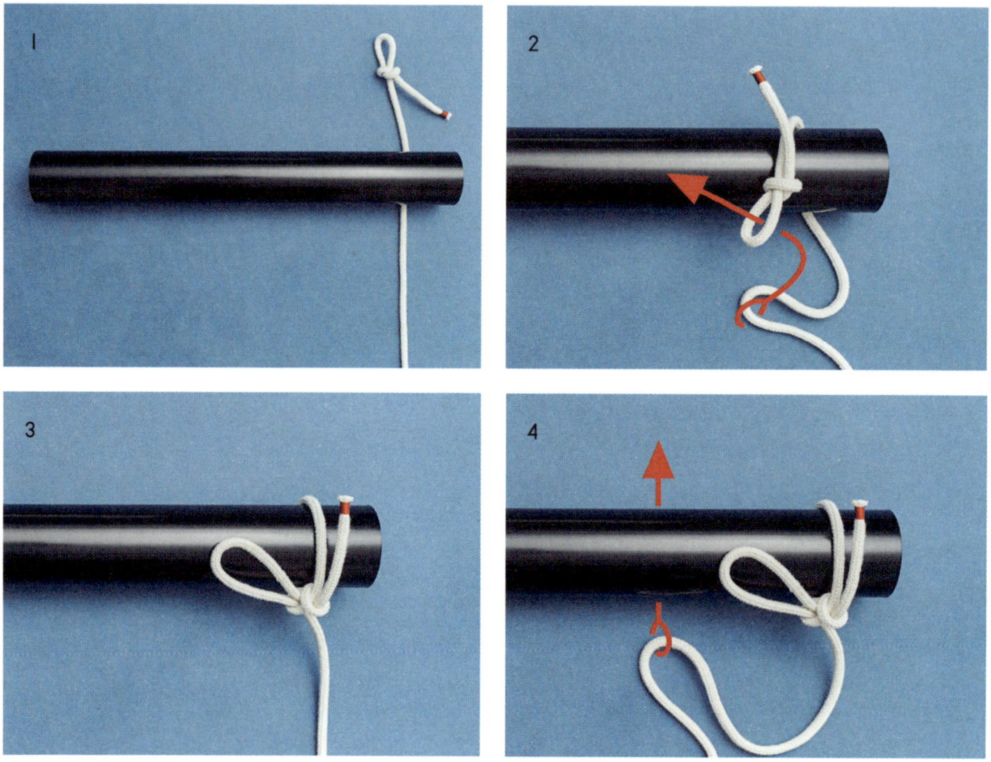


**BILD 1:** *Mit einem Überhandknoten mit Slip beginnen, siehe Seite 13.* **BILD 2 UND 3:** *Eine Bucht ein Stück in den Slip hineinstecken. Festziehen und die Bucht derart einklemmen.* **BILD 4:** *Eine weitere Bucht legen und unter der Matte durchführen.*

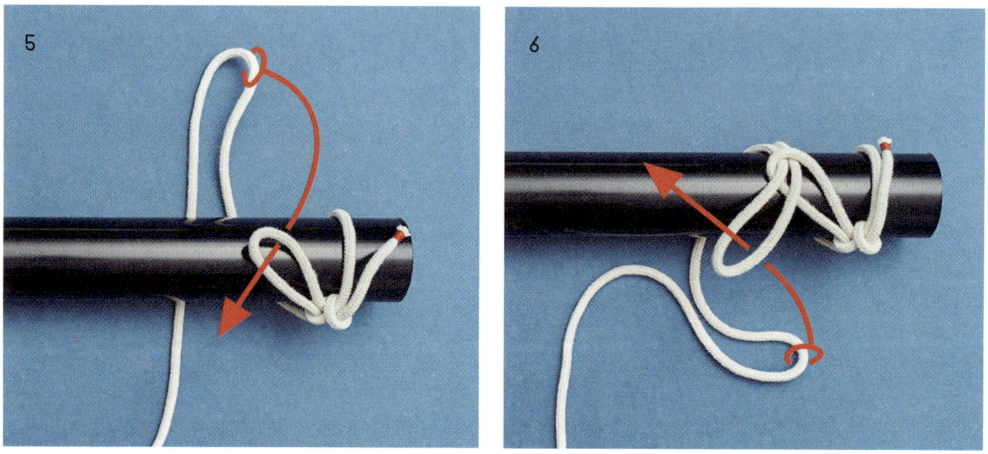


**BILD 5:** *Die Bucht durch die vorherige Bucht ziehen.* **BILD 6:** *Wiederholen.*

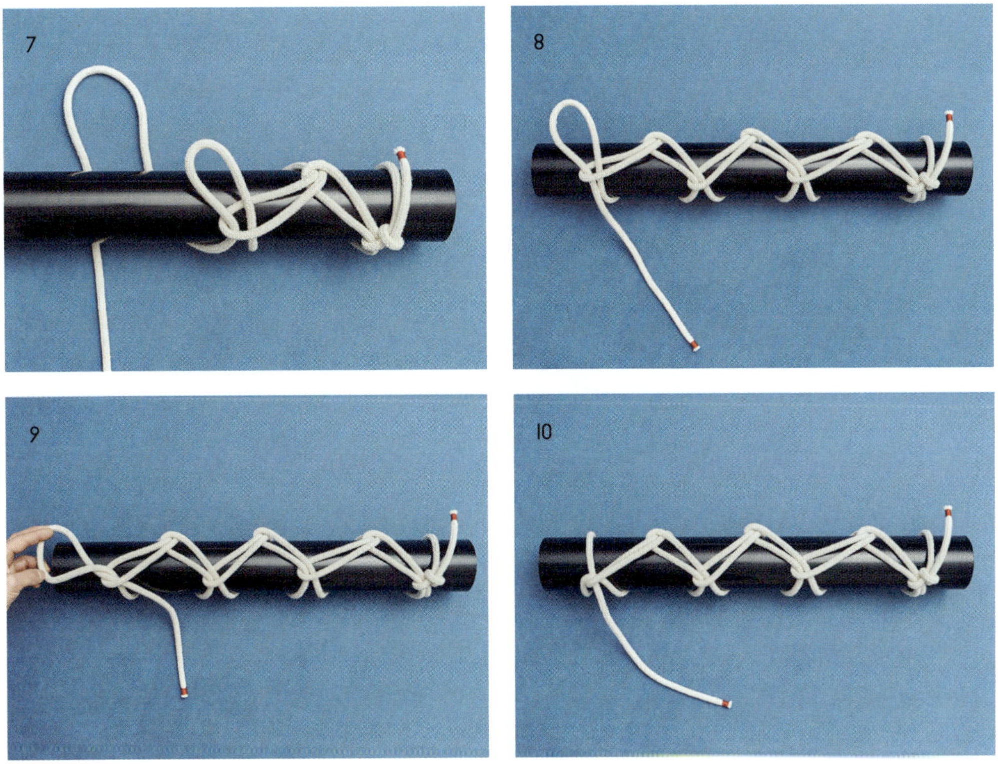


**BILD 7 UND 8:** *Bis zur gewünschten Länge wiederholen.* **BILD 9:** *Am Ende der Matte dreht man die letzte Bucht zur Seite und zieht sie über die Mattenrolle.* **BILD 10:** *Man spannt die Knotenkette, indem man am losen Teil zieht.*

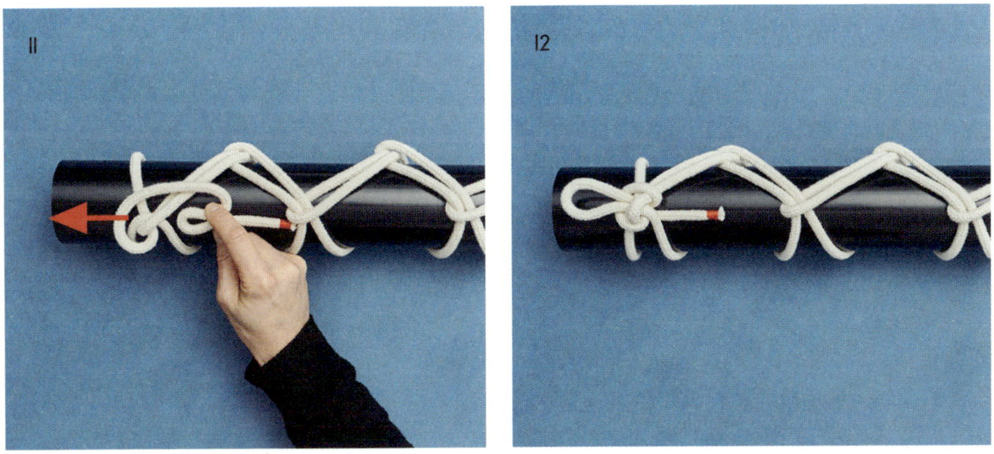


**BILD 11:** *Mit einem Überhandknoten mit Slip abschließen, dabei den Slip unter einer Bucht hindurchführen.*

# BLUMENSTRAUSS

Ein **KONSTRIKTORKNOTEN** (auch **WÜRGEKNOTEN** genannt) eignet sich zum Zusammenknoten von runden Gegenständen. Man kann ihn für Stäbe und Rollen nutzen – warum also nicht auch für einen Blumenstrauß? Der Knoten lässt sich nur sehr schwer lösen, sofern man nicht einen **SLIP** eingefügt hat – wer ihn zu fest anzieht, benötigt eine Schere oder ein Messer. Also besser nicht um einen Körperteil knoten …

Das Geniale des Konstriktorknotens ist, dass er quasi wie ein dritter Finger beim Einpacken eines Päckchens funktioniert, denn das diagonal oben verlaufende Seil wirkt beschwerend und drückt einen ganz normalen **ÜBERHANDKNOTEN** nach unten. Wie oft hat man sich das nicht schon beim Einpacken der Weihnachtsgeschenke gewünscht?

KNOTEN:
*Konstriktorknoten*

GEEIGNETE SEILE ODER SCHNÜRE:
*Maurerschnur oder ein dünnes Seil aus Naturmaterial*

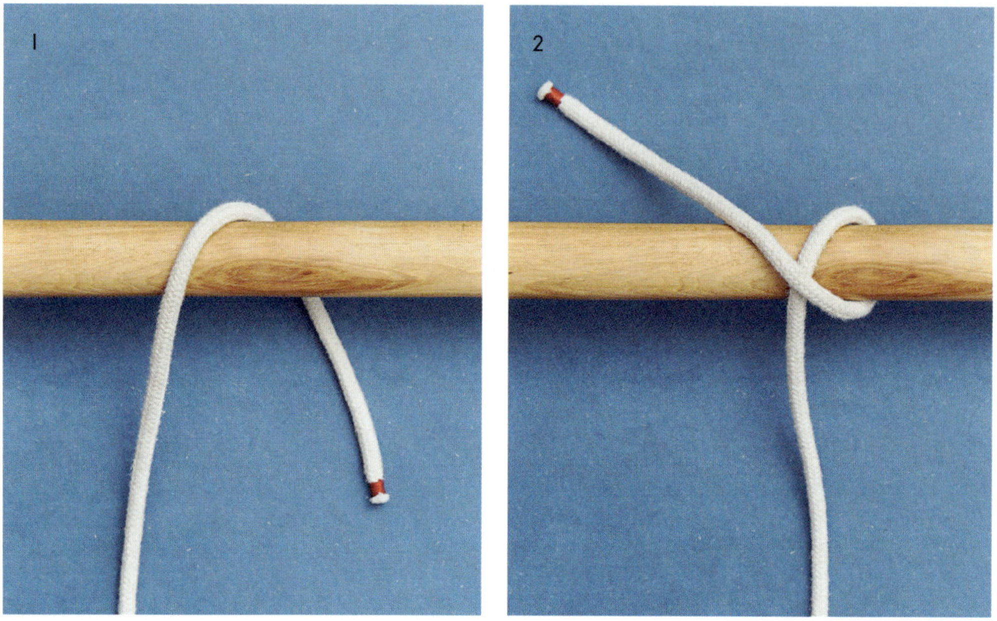


**BILD 1 UND 2:** *Das Seil um den Stab herum und dann schräg über den festen Teil legen, sodass sich ein Kreuz ergibt.*

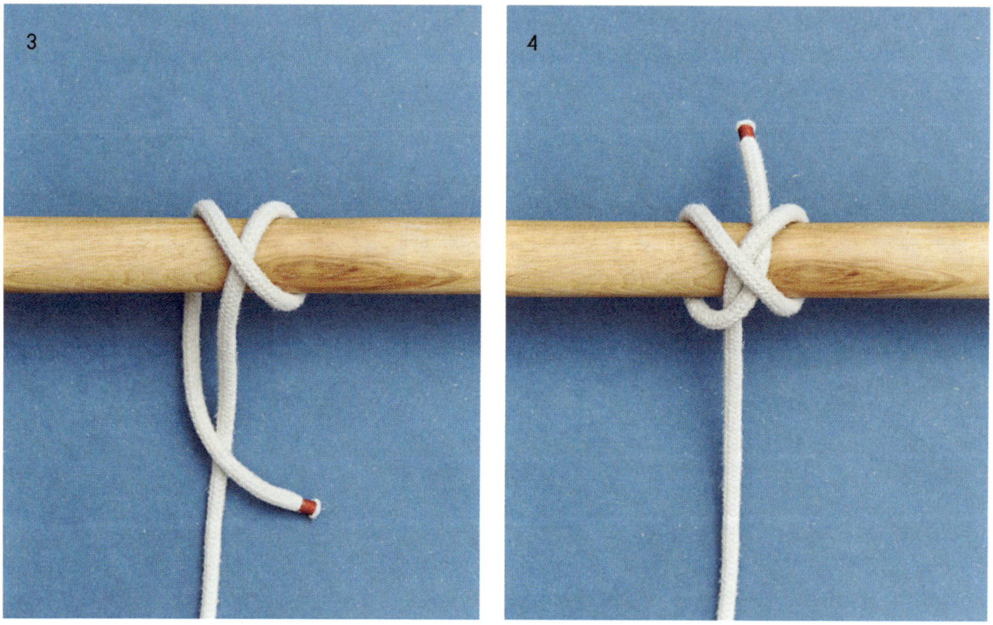


**BILD 3 UND 4:** *Den losen Teil von unten unter dem Kreuz durchziehen und straffen.*

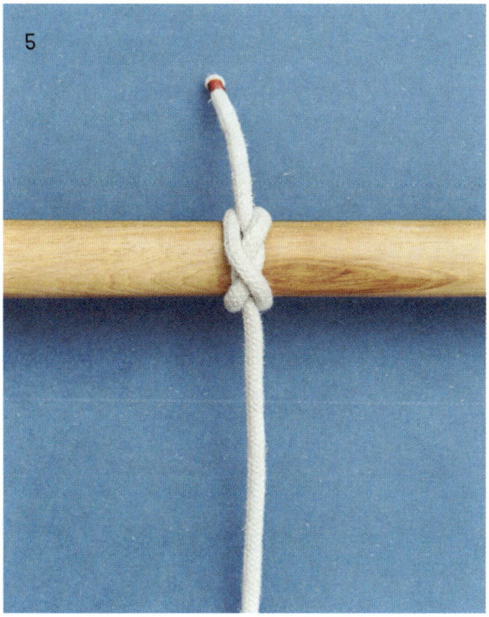

**BILD 5:** *Der fertige Knoten.* **BILD 6:** *Variante mit Slip, wenn man den Knoten wieder leicht lösen will. Dafür eine Bucht legen.*

**BILD 7:** *Die Bucht unter das Kreuz schieben.* **BILD 8:** *Den Knoten spannen. Am losen Teil ziehen, um den Knoten zu lösen.*

# RAFFHALTER FÜR VORHÄNGE

Es gibt viele Verwendungsmöglichkeiten für dekorative dicke Knoten. Hier zum Beispiel zwei Varianten, mit denen man den Vorhang schön raffen kann. Einen **EINFACHEN DIAMANTKNOTEN** kann man auch gut gebrauchen, wenn man sich mit einem Kostüm mittelalterlich verkleiden will. Aus einem stärkeren Seil geknotet, wird er zu einem passenden Gürtel am Mönchsgewand und als Stopperknoten ergibt er auch praktische Knöpfe am Hemd. Außerdem eignet er sich gut, um gesplissene Seile am weiteren Ausfransen zu hindern.

Die Affenfaust wird im Projekt „Hundespielzeug" erklärt. Zum Raffen des Vorhangs wird der Knoten hier mit einem Auge geknüpft.

**KNOTEN:**
*Einfacher Diamantknoten*
*Affenfaust mit Schlaufe, siehe Seite 129*

**GEEIGNETE SEILE ODER SCHNÜRE:**
*Stärkeres Seil aus Naturmaterial*

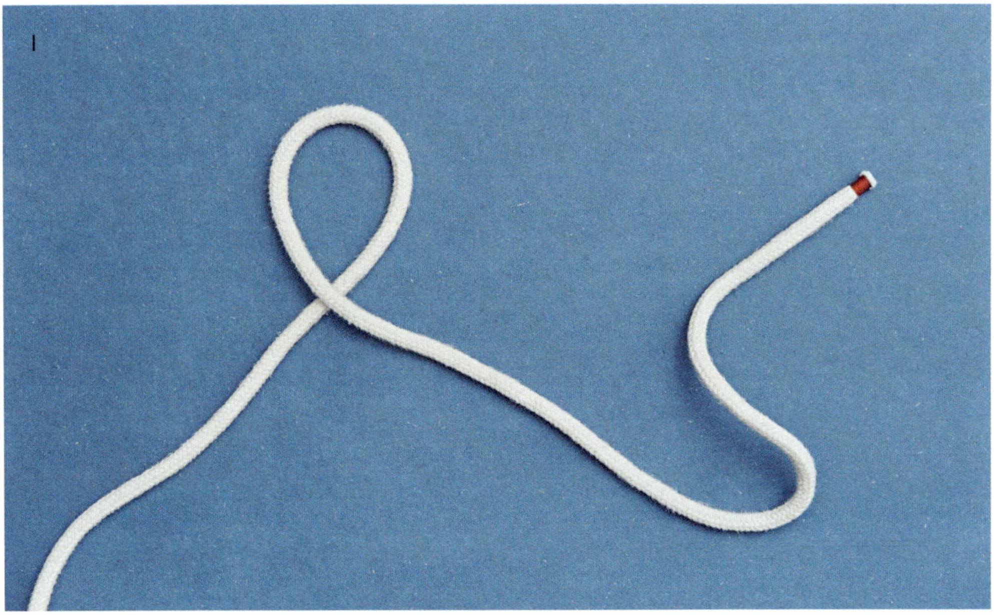


**BILD 1:** *Ein Auge legen.*

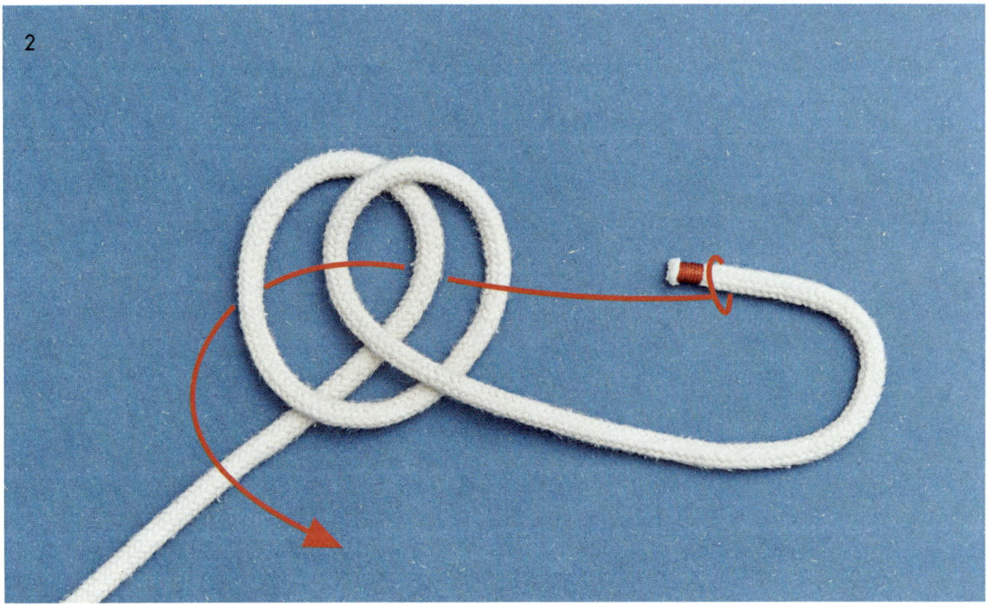


**BILD 2:** *Darauf kommt ein weiteres Auge. Den losen Teil durchziehen, sodass sich eine neue Bucht bildet – dabei dem roten Pfeil folgen.*

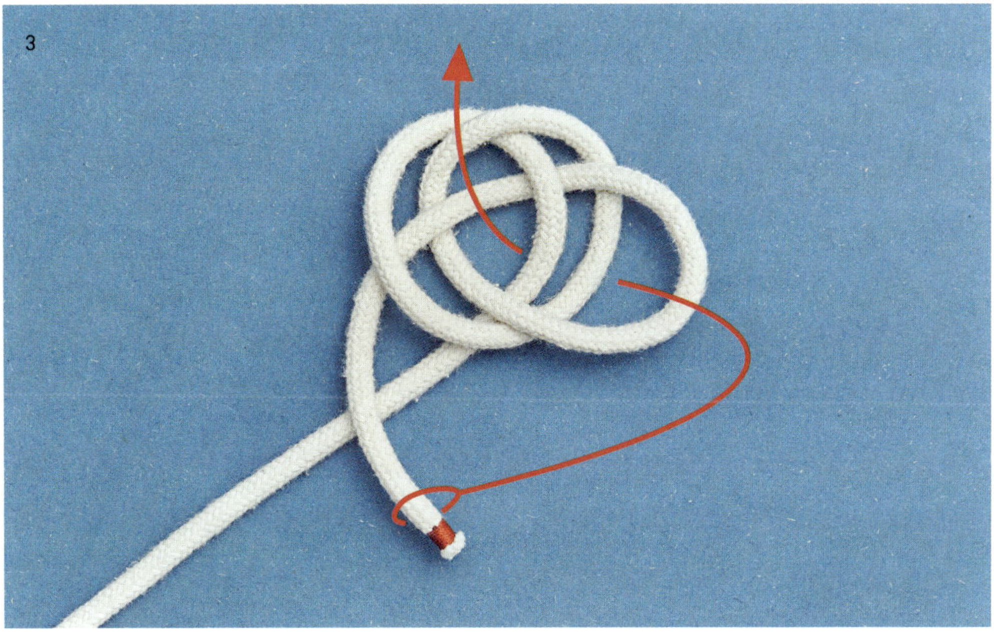


**BILD 3:** *Jetzt noch nicht zuziehen. Den losen Teil, wie mit dem Pfeil angezeichnet, durch die Mitte hindurchführen.*

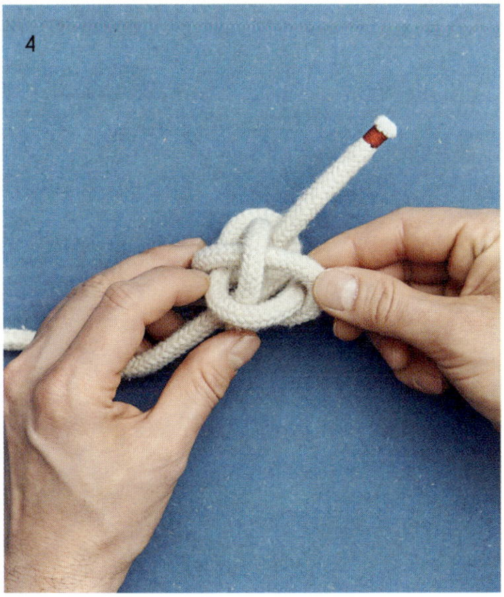


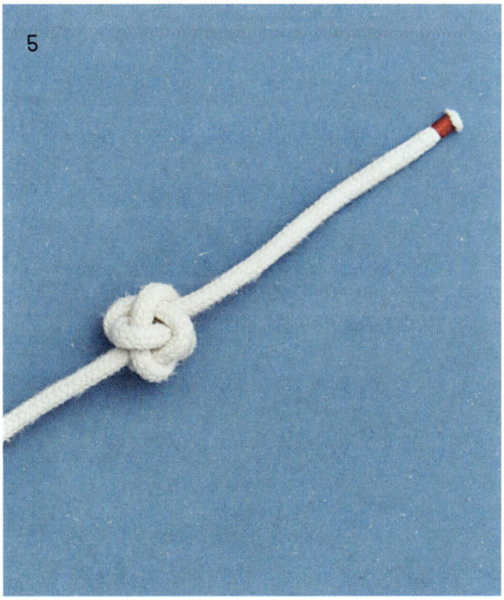


**BILD 4 UND 5:** *Vorsichtig am losen Teil ziehen. Nachhelfen, damit sich der Knoten formt, indem man alle Bereiche vom festen und vom losen Teil aus mehrfach strafft.*

MJÖLK-DRYCK
coop
KEFIR
NATURELL
2,5 % FETTHALT
Valio
NATUR & KULTUR

# PAKETSCHNÜRUNG

Mit dieser raffinierten **SCHNÜRUNG** kann man geschickt Zeitungen bündeln oder andere unhandliche Dinge, die geordnet werden sollen.

Mit einem Überhandknoten mit Slip als Abschluss lässt sich das Ganze auch leicht wieder lösen, wenn man zum Beispiel beim Altpapiercontainer angekommen ist. Du musst garantiert nie mehr auf halbem Weg stehenbleiben und frustriert über die Widrigkeiten des Lebens schimpfen, sollte der Regen die Papiertüte aufgeweicht haben. Dass die alten Zeitungen verstreut auf dcm nassen Bürgersteig liegen, das ist mit dem Knoten Vergangenheit.

KNOTEN:
*Paketschnürung*

GEEIGNETE SEILE ODER SCHNÜRE:
*Dünneres Seil aus Synthetik- oder Naturmaterial*

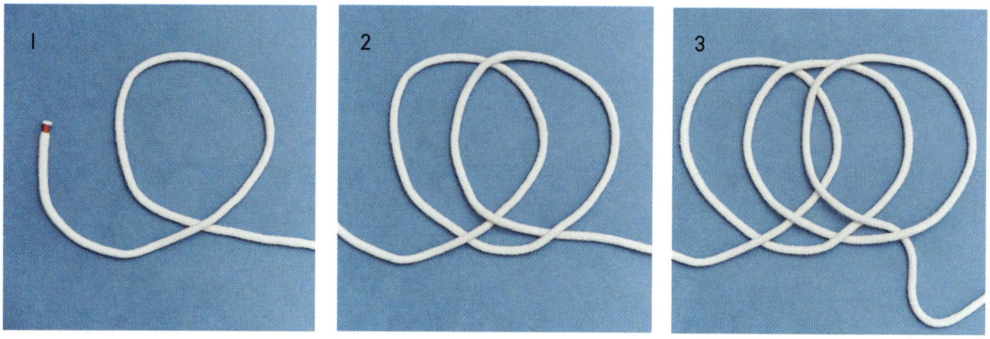


**BILD 1:** *Achte darauf, dass beim Auge der lose Teil oben liegt.* **BILD 2:** *Nun kommt ein weiteres Auge auf das vorherige – wieder das Seil wie beim ersten Auge legen.* **BILD 3:** *In diesem Fall begnügen wir uns mit drei Augen. Du kannst so viele machen, wie du benötigst.*

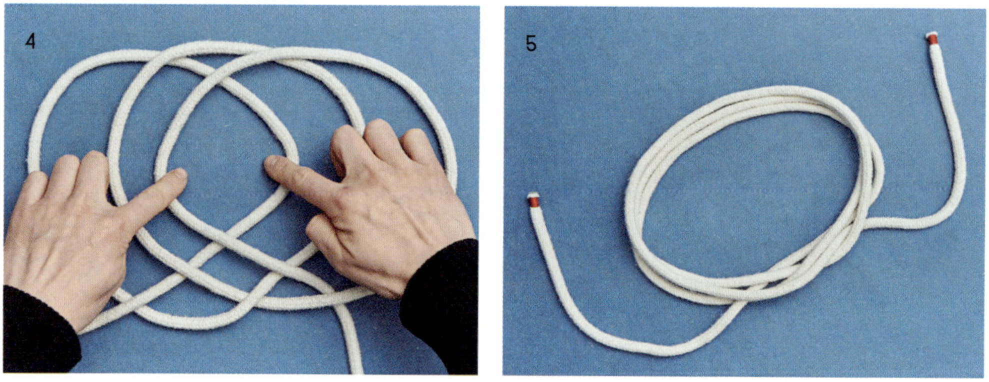


**BILD 4 UND 5:** *Die Finger auf das mittlere Auge legen und es kreisförmig auseinanderziehen.*

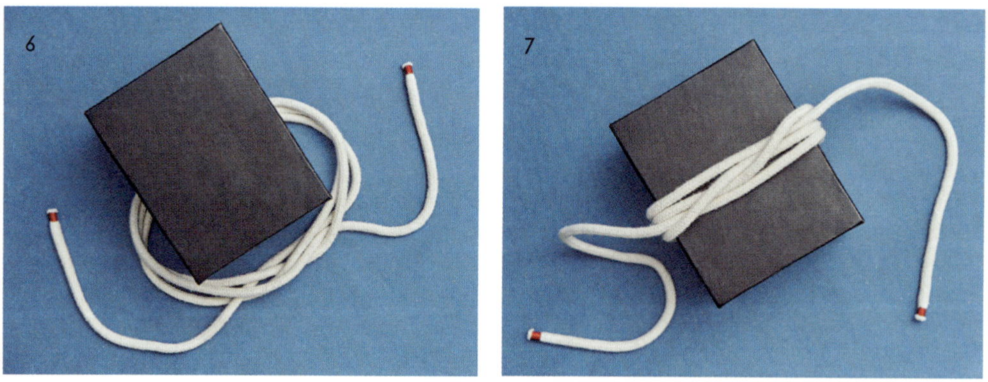


**BILD 6:** *Das Paket oder das Bündel Zeitungen auf den Teil des Seils stellen, bei dem sich das Seil nicht überkreuzt.* **BILD 7:** *Nun überziehen und festzurren.*

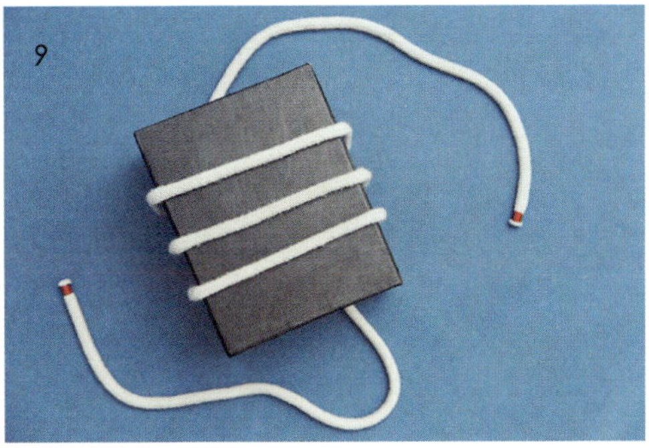


**BILD 8:** *Die Enden in die jeweilige Richtung ziehen. Hierbei kannst du selbst bestimmen, wie groß die Zwischenräume zwischen den Umwindungen sein sollen.* **BILD 9:** *Das Paket wenden, sodass die entgegengesetzte Seite oben liegt.*

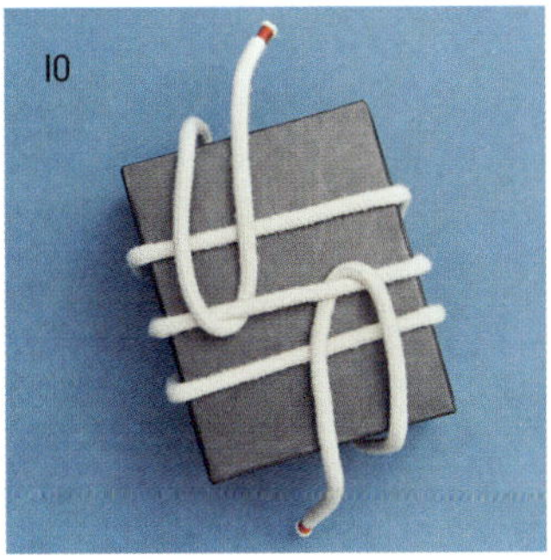


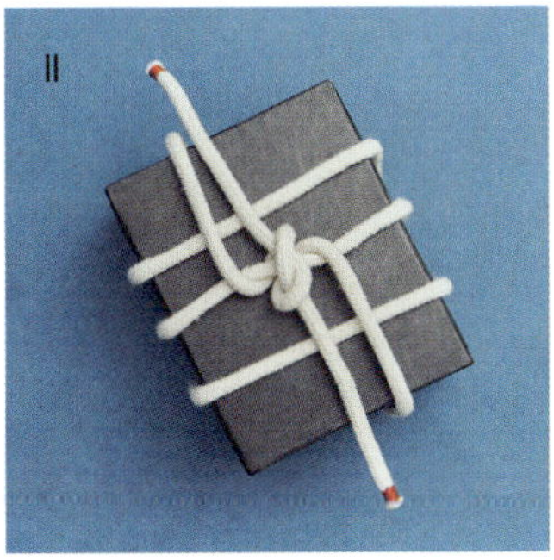

**BILD 10:** *Die Enden durchführen, wie es das Bild zeigt. Du kannst die Seile auch komplett durchfädeln.* **BILD 11:** *Einen Überhandknoten machen (dabei auf die Richtung achten!).* **BILD 12:** *Anziehen.*

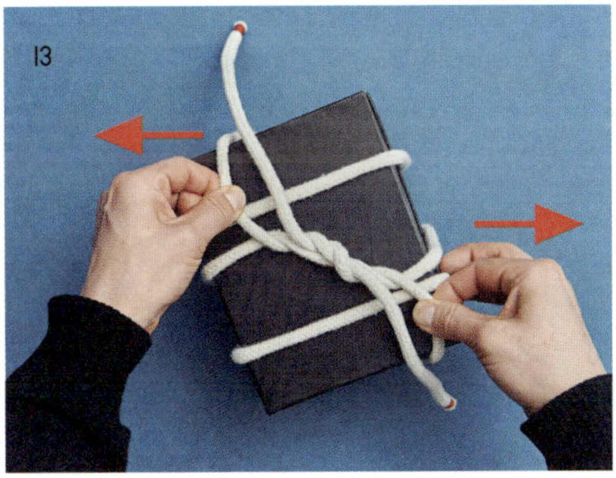


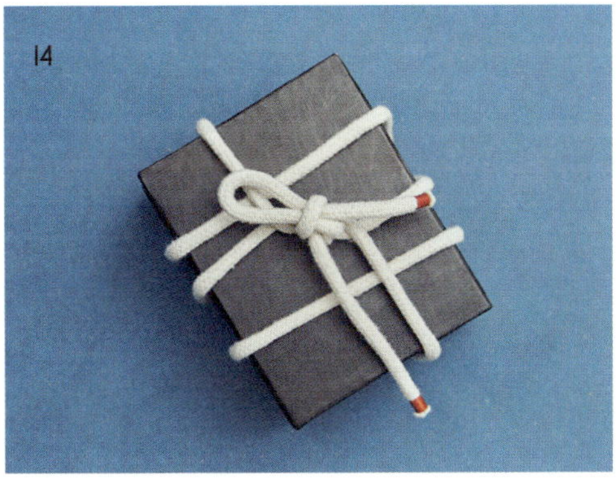


**BILD 13:** *Man löst den Knoten, indem man das von oben nach unten laufende Seil nach außen zieht.* **BILD 14:** *Als Abschluss kannst du einen für dich passenden Knoten machen, hier ist ein Überhandknoten mit Slip zu sehen.*

# HÄNGEMATTE

Mithilfe eines **DOPPELTEN SCHOTSTEKS** kann man ganz simpel aus einem Laken und zwei Seilen eine Hängematte machen. Der Schotstek verbindet üblicherweise raffiniert zwei Seile unterschiedlicher Stärke. Aber auch Seil und Laken lassen sich mit einem doppelten Schotstek zusammenfügen. Das ist sehr nützlich, wenn einem spontan nach einem Nickerchen im Park oder im Garten des Sommerhauses zumute ist.

Um die ausgewählten Bäume macht man einen **PALSTEK** (dabei das Seil mehrfach um den Baum wickeln, damit es nicht herunterrutscht) und mit der **AFFENKETTE** häkelt man schnell das restliche Seil zu einer Kette.

KNOTEN:
*Doppelter Schotstek*
*Palstek, siehe Seite 22*
*Affenkette, siehe Seite 34*

GEEIGNETE SEILE ODER SCHNÜRE:
*Stärkeres Seil aus Synthetik- oder Naturmaterial*

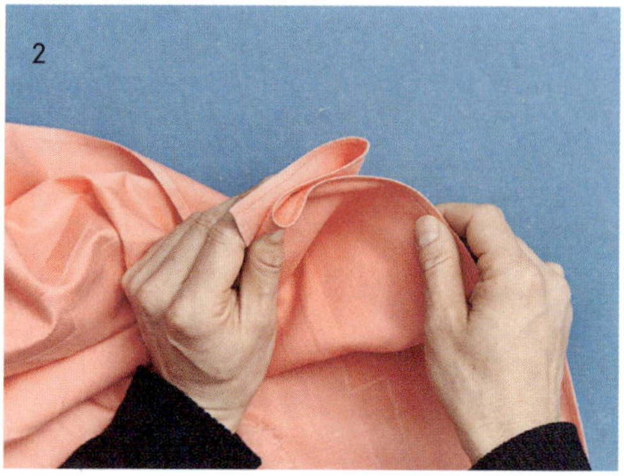


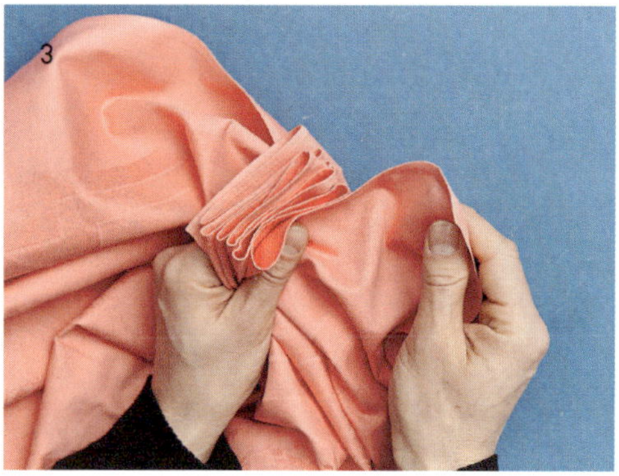


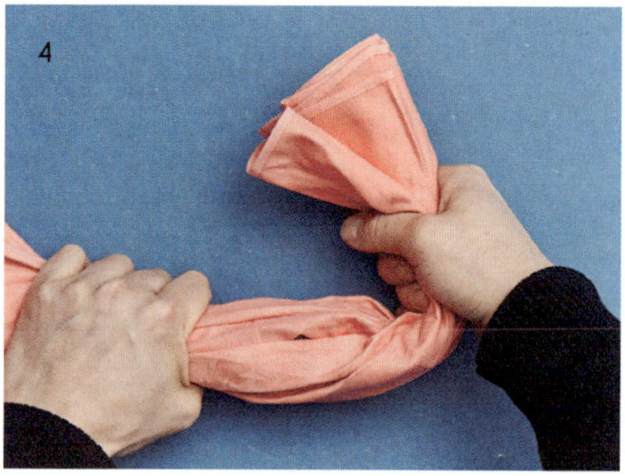


**BILD 1:** *Zu einer Seite hin das Tuch zu einer Falte legen.* **BILD 2:** *Das Tuch zur anderen Seite hin ebenso groß falten.* **BILD 3:** *Dies in beiden Richtungen wiederholen.* **BILD 4:** *Das Tuch u-förmig zu einer Bucht legen.*

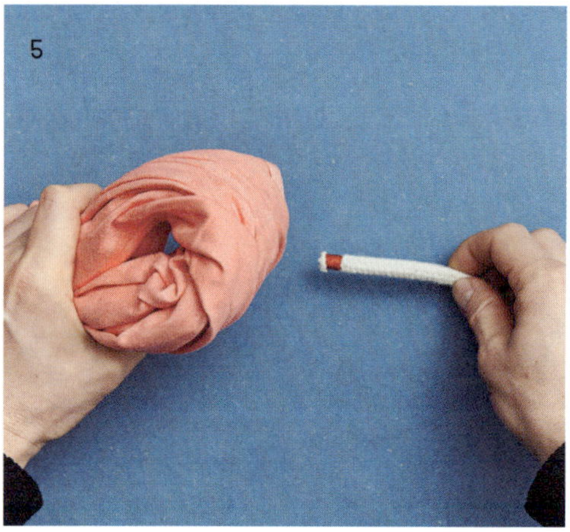


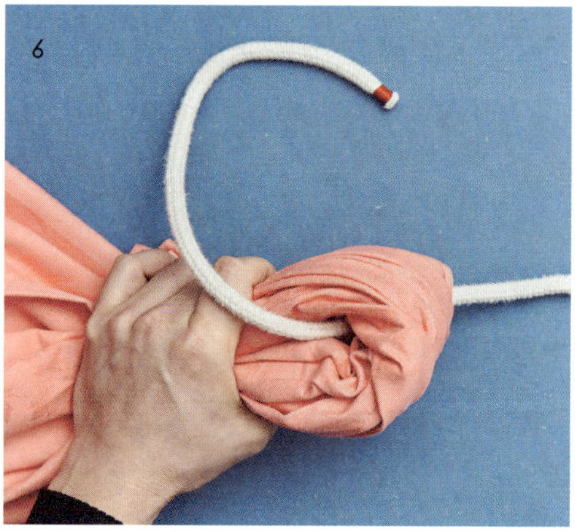


**BILD 5 UND 6:** *Das Seil von unten durch die Bucht stecken.*

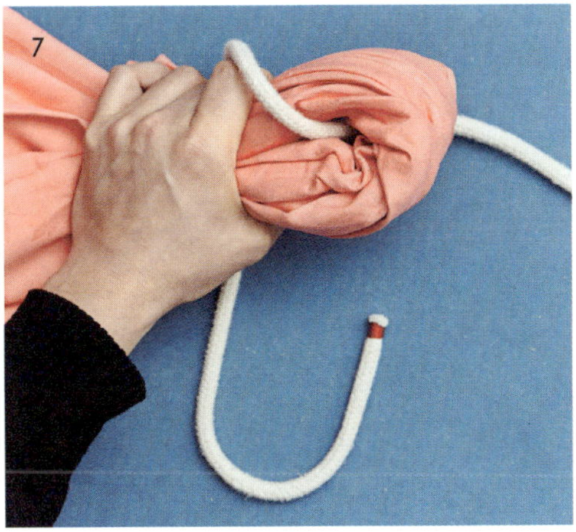


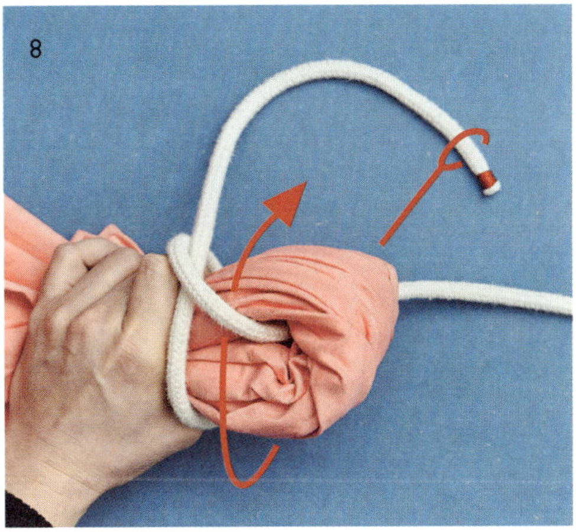


**BILD 7:** *Einen Rundtörn legen.* **BILD 8:** *Noch einen Rundtörn hinzufügen.*

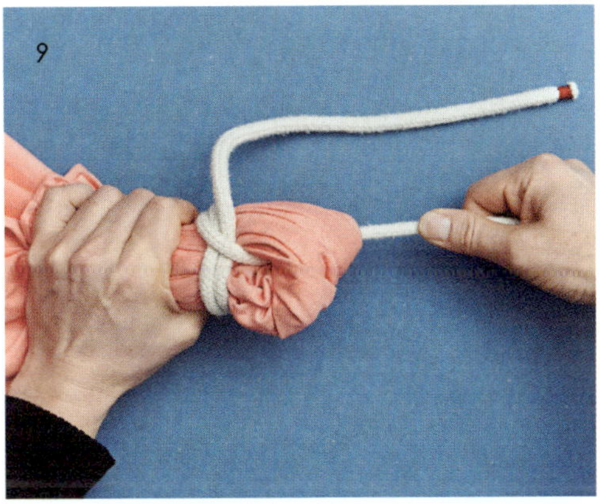


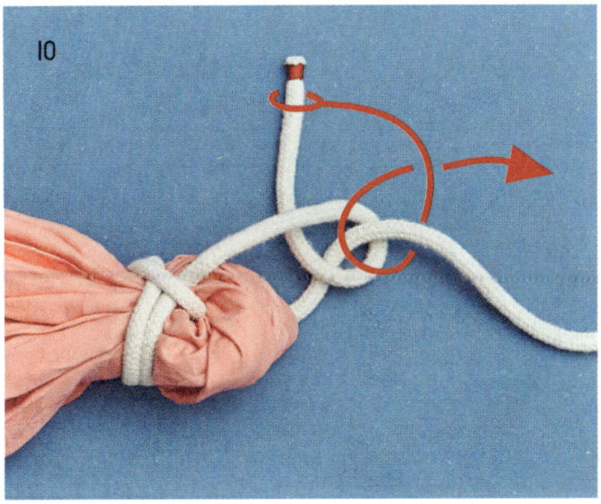


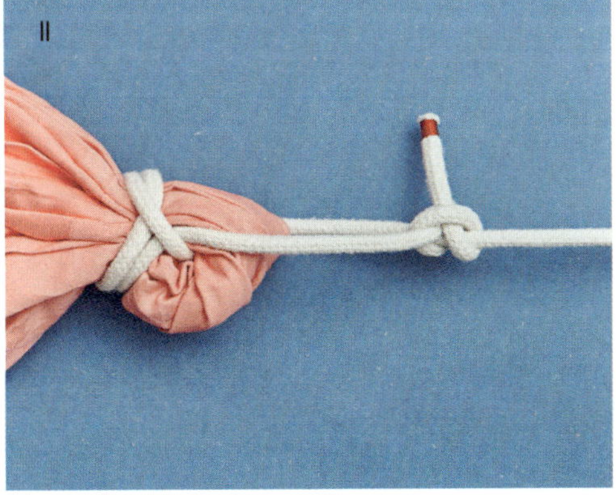


**BILD 9:** *Anziehen. Der Knoten ist fertig. Achte darauf, dass du die losen Teile in dieselbe Richtung führst.* **BILD 10:** *Um zu vermeiden, dass das Seil durchhängt (und zur eigenen Sicherheit), kann man noch einen doppelten halben Schlag um das feste Ende machen, so wie auf dem Bild gezeigt. Auch ein Stopperstek ist möglich (siehe Seite 79).*
**BILD 11:** *Jetzt kann die Hängematte aufgehängt werden, am besten mit dem Palstek, siehe Seite 22.*

# VIER ZIPPER FÜR DEN REISSVERSCHLUSS

Der Reißverschluss ist ja in jeder Hinsicht eine raffinierte Erfindung. Nur warum sind die Zipper oft so winzig, dass man sie mit Handschuhen kaum greifen kann? Im Folgenden gibt es vier verschiedene Ideen, um dieses Problem zu lösen.

Der **MATTHEW-WALKER-KNOTEN** gehört zu den seltenen Knoten, die nach einer Person benannt sind. So wird man durchaus etwas neugierig, wer dahintersteckt. Der Legende nach wurde der Matrose Walker zum Tode verurteilt. Der Richter hatte aber ein Herz für Seeleute und wollte ihn begnadigen, wenn Walker einen Knoten binden würde, den der Richter weder nachmachen noch lösen könnte. Walker gelang es und er erlangte die Freiheit zurück.

**KNOTEN:**
*Wandknoten für Reißverschlüsse*
*Doppelter Matthew-Walker-Knoten*
*Zweisträngiger Fußpferdknoten*
*Zweisträngiger Diamantknoten, siehe Seite 102*

**GEEIGNETE SEILE ODER SCHNÜRE:**
*Dünneres Seil aus Synthetik- oder Naturmaterial*

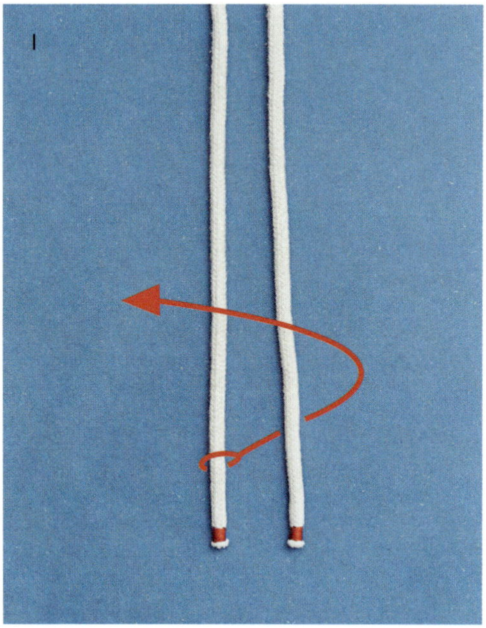


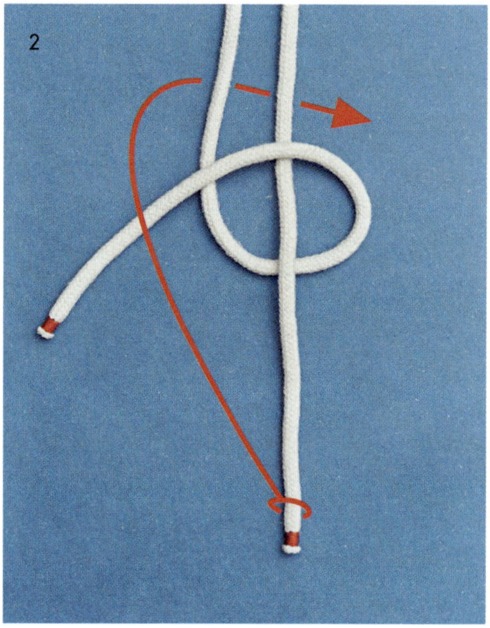


**BILD 1:** *Ein Auge um das zweite Seilende legen.* **BILD 2:** *Halte diesen Teil fest und führe das andere Seilende nun über und unter diesem und unter sich selbst hindurch.*

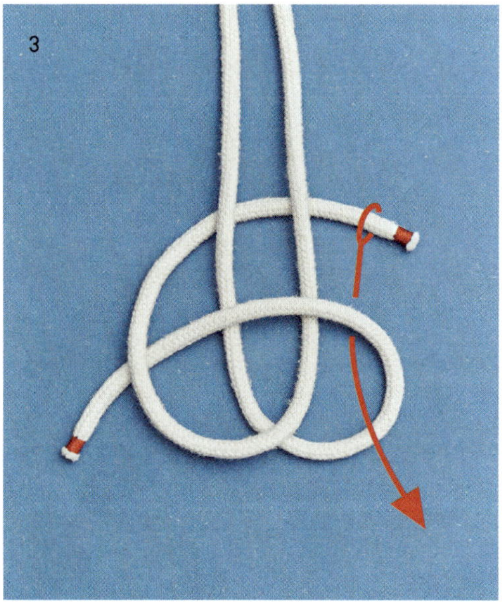


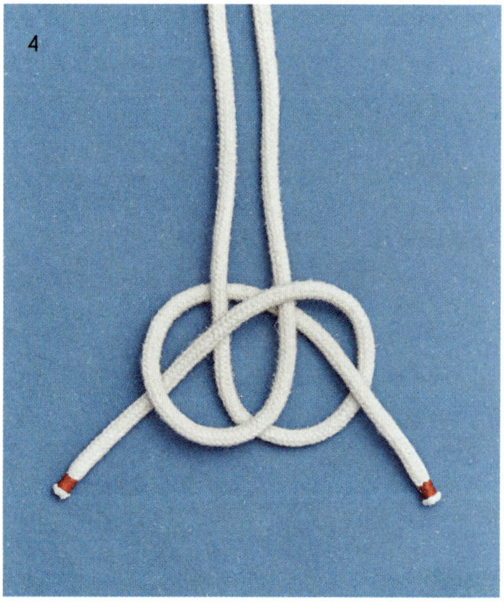


**BILD 3 UND 4:** *Nun rechts durch das Auge führen.*

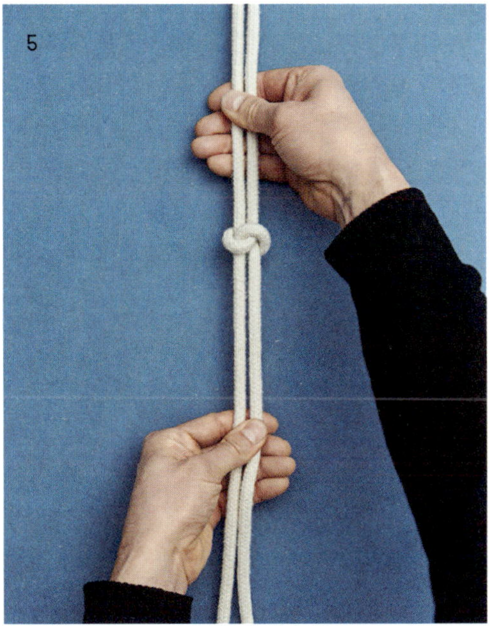


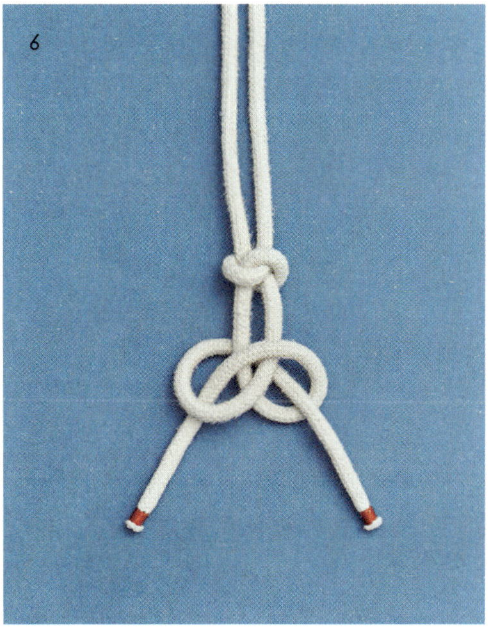


**BILD 5:** *Festen und losen Teil festhalten und anziehen.*
**BILD 6 UND 7:** *So oft wiederholen, wie gewünscht.*

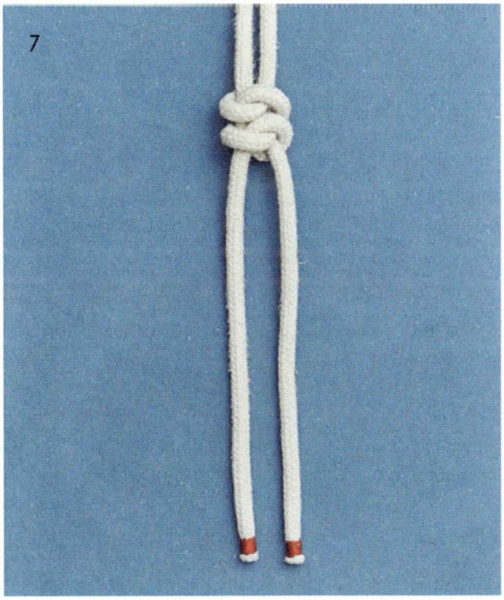


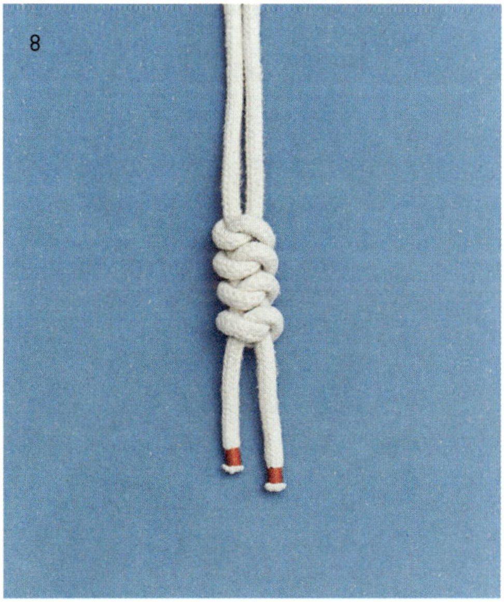


**BILD 8:** *Fertig!*

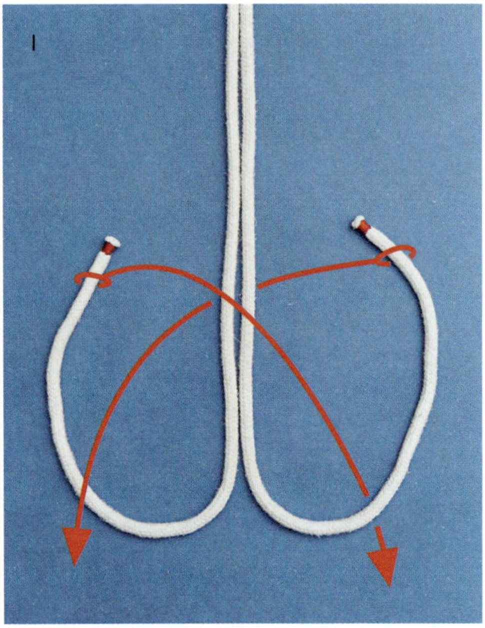


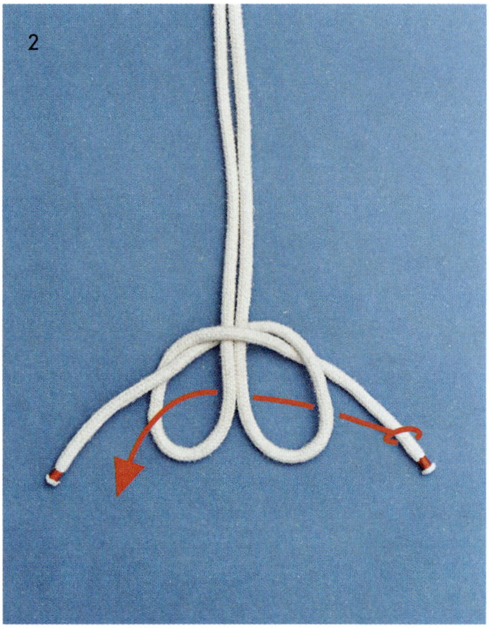


**BILD 1:** *Zuerst zwei Buchten legen. Das eine Ende unter dem festen Teil, das andere über dem festen Teil kreuzen und wie in Rot angezeichnet ablegen.*
**BILD 2:** *Das rechte Ende durch die linke Bucht ziehen.*

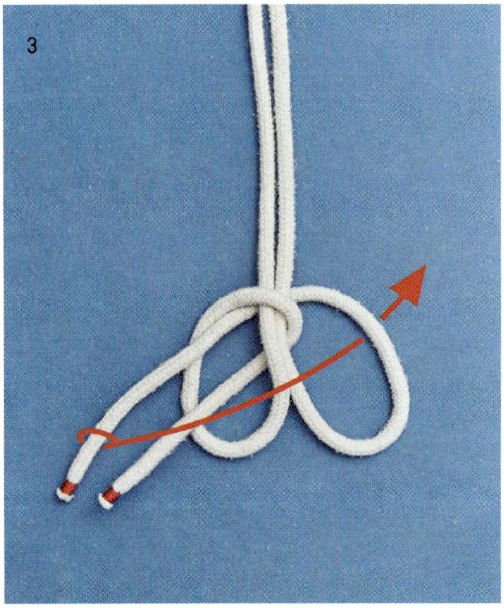


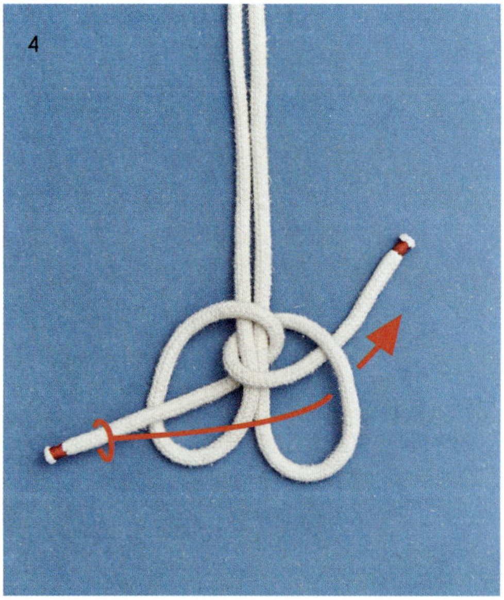


**BILD 3:** *Das obere Ende durch die rechte Bucht ziehen.* **BILD 4:** *Dasselbe mit dem anderen Ende wiederholen.*

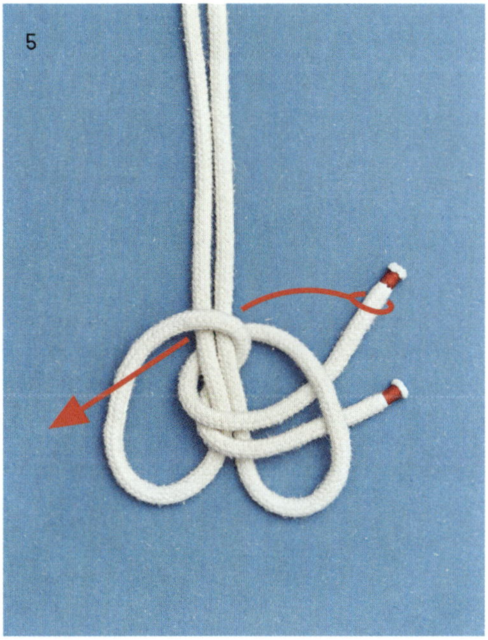

**BILD 5:** *Das obere Ende durch die linke Bucht stecken.* **BILD 6:** *Vorsichtig am festen und losen Teil ziehen.*

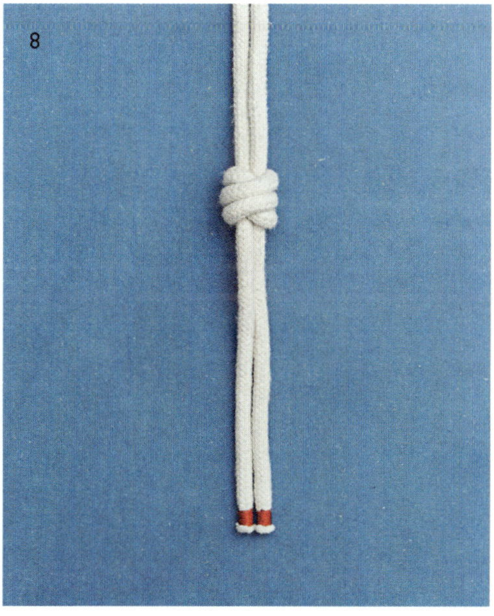


**BILD 7:** *Die obere Bucht nach unten biegen, bis sie zwischen den beiden anderen liegt.* **BILD 8:** *Fertig!*

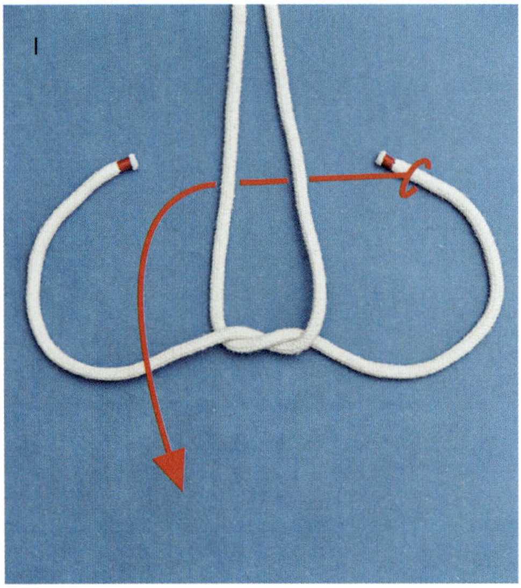


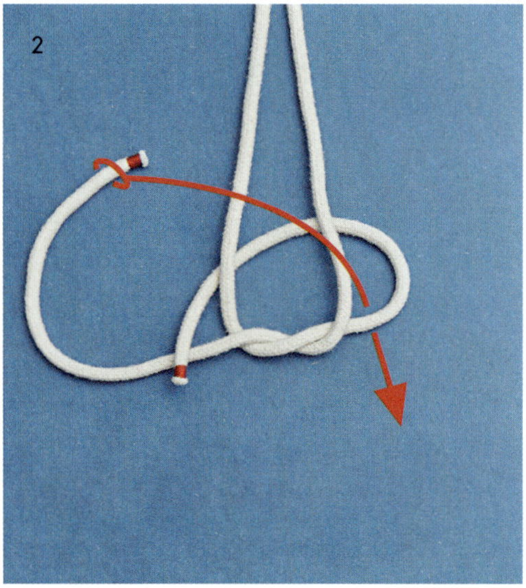


**BILD 1:** *Einen Überhandknoten binden. Achte darauf, in welche Richtung du den Überhandknoten machst! Das rechte Ende hinter den festen Teil fädeln und eine Bucht legen.* **BILD 2:** *Das linke Ende über den festen Teil ziehen und in die rechte Bucht stecken.*

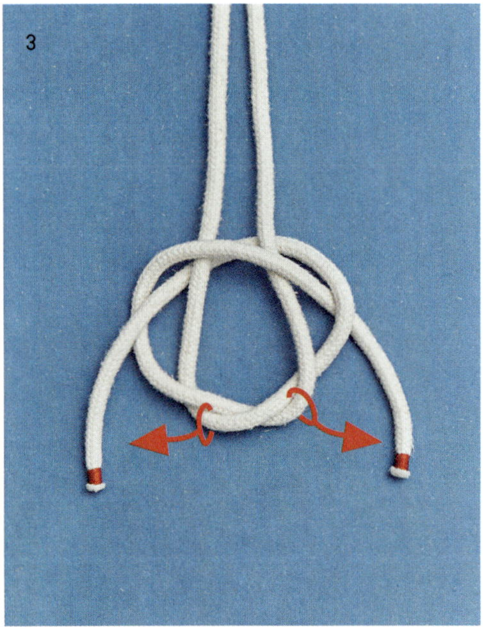


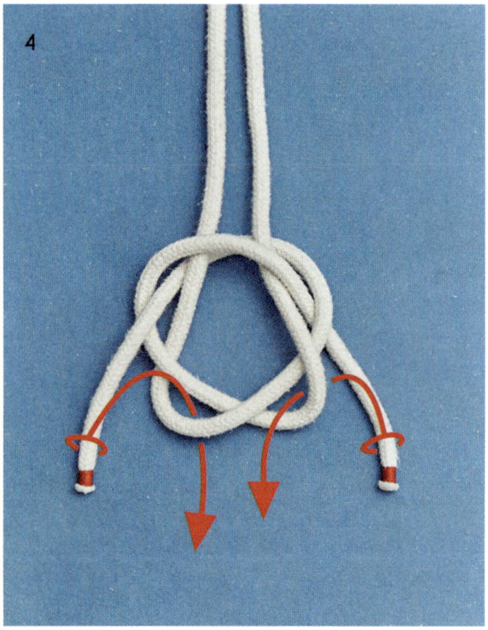


**BILD 3:** *Linke und rechte Bucht vorsichtig auseinanderziehen, sodass zwei neue Buchten entstehen.* **BILD 4:** *Die Enden durch die unteren Buchten stecken.*

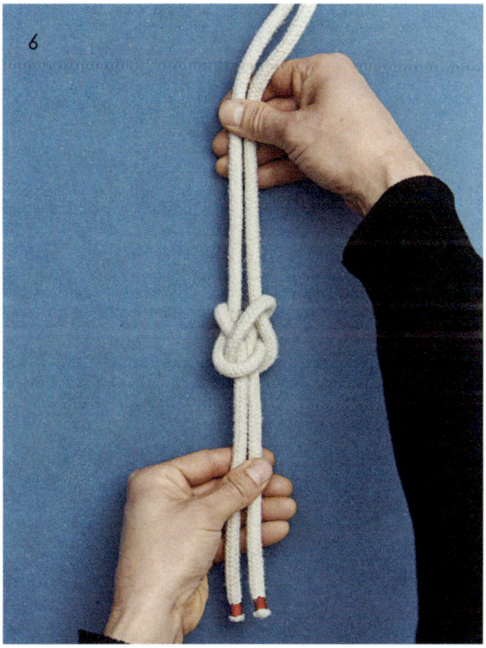

**BILD 5 UND 6:** *Festen und losen Teil mit beiden Händen halten und anziehen.* **BILD 7:** *Fertig!*

# RAFFINIERTE SCHNÜRSENKELBINDUNG

Es ist merkwürdig, dass wir noch immer die Schleife an unseren Schuhen so binden, als gäbe es nicht eine viel bessere Alternative: Mit der **RAFFINIERTEN SCHNÜRSENKELBINDUNG MIT DOPPELTEM SLIP** stolperst du nie mehr über deine Schnürsenkel oder ärgerst dich, weil die doppelt gebundene Schleife nicht mehr aufgeht. Dieser Knoten ist schnell gemacht und lässt sich so leicht wie eine herkömmliche Schleife lösen – der große Unterschied ist, dass die Schnürsenkel nicht so leicht von selbst aufgehen. Dieser Knoten ist immer dann eine pfiffige und schnelle Lösung, wenn man etwas rasch binden, aber auch wieder aufbekommen will.

KNOTEN:
*Doppelter Slip*

GEEIGNETE SEILE ODER SCHNÜRE:
*Verwende Schnürsenkel, die zu deinen Schuhen passen. Für eine sportlichen Look sind strapazierfähige Schnürsenkel aus Synthetik gut.*

# DOPPELTER SLIP

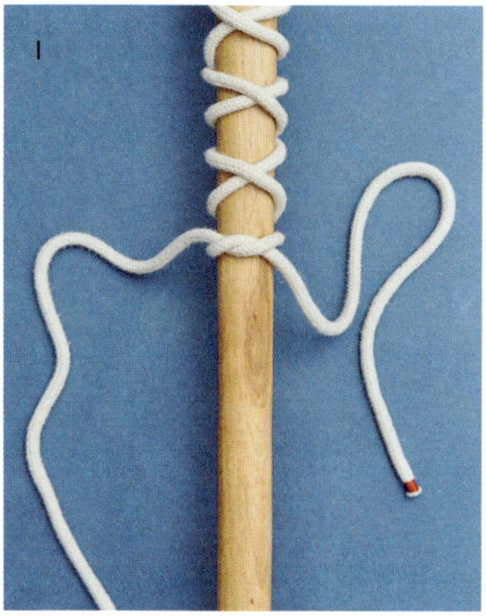


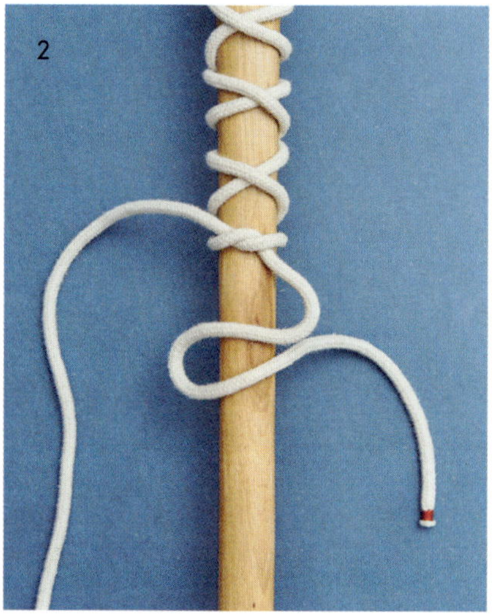


**BILD 1:** *Die ersten Windungen auf dem Stab symbolisieren die Schnürung deiner Schuhe. Einen Überhandknoten knüpfen. Achte darauf, dass die Richtung passend ist.* **BILD 2:** *Eine Bucht legen.*

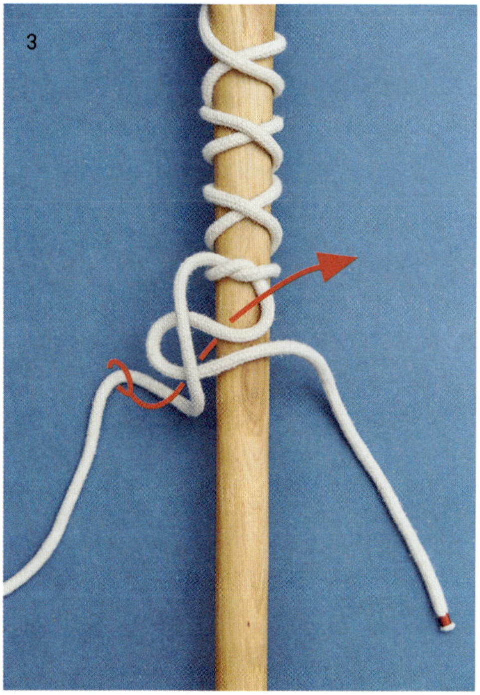

**BILD 3 UND 4:** *Jetzt einen Überhandknoten mithilfe von zwei Buchten gestalten.*

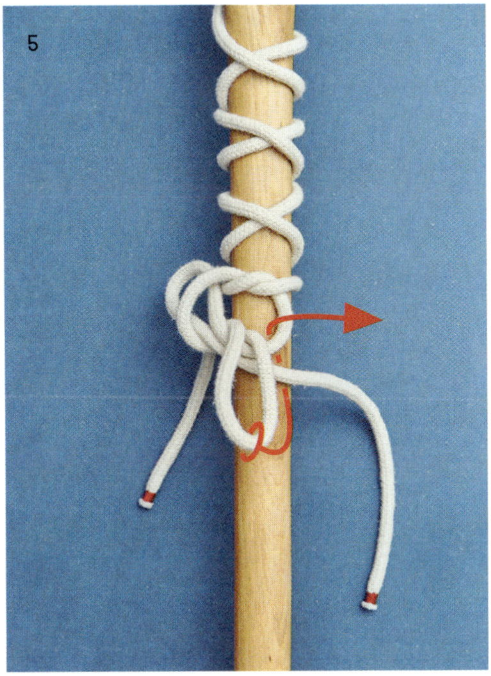


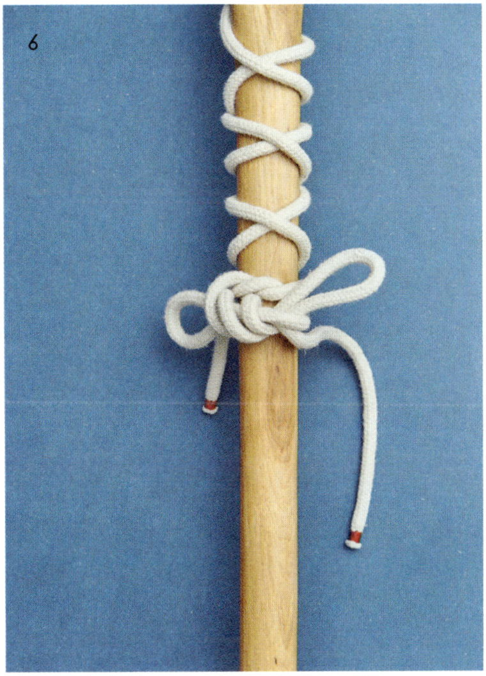

**BILD 5:** *Die rechte Bucht noch einmal durchstecken und anziehen.*
**BILD 6:** *Spannen, indem du an den Buchten ziehst.*
**BILD 7:** *Der Knoten kann noch etwas nachgearbeitet werden. Am besten sieht er aus, wenn die Enden nach vorne verlaufen. Soll der Knoten gelöst werden, zieht man einfach an den Enden.*

# RECKSTANGE

Wenn du dir eine Reckstange an die Decke hängen willst, ist es wichtig, dass die Knoten sich nicht auf der Stange bewegen. Dafür ist diese Lösung gut geeignet. Ich habe noch zwei „Affenfäuste" hinzugefügt, um mein Training variieren zu können.

Zur Deckenaufhängung kannst du zwischen zwei Varianten des praktischen **BUTTERFLYS** wählen, je nachdem, ob du zur Befestigung einen Haken oder eine Öse nutzt. Außer dem Seil benötigst du auch einen Rundstab mit passendem Durchmesser.

Der Butterfly ist ein Knoten, der häufig im Bergsport verwendet wird.

*KNOTEN:*
*Butterfly für einen Haken*
*Butterfly für eine Öse*
*Stopperstek*
*Affenfaust, siehe Seite 128*

*GEEIGNETE SEILE ODER SCHNÜRE:*
*Kräftiges, stabiles Seil aus Synthetik- oder Naturmaterial*

# BUTTERFLY FÜR EINEN HAKEN

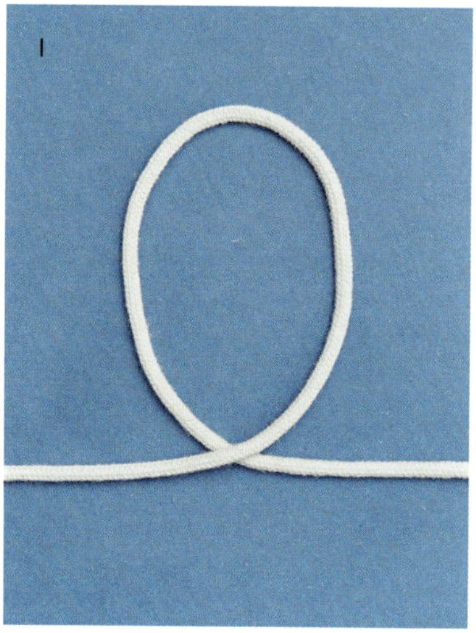


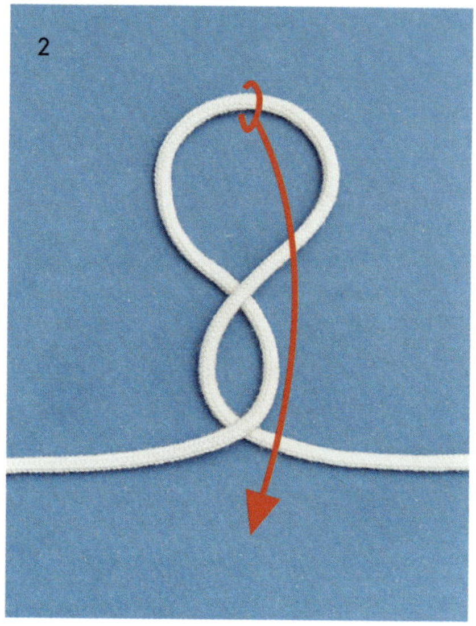


**BILD 1:** *In der Mitte des Seils ein Auge legen.*
**BILD 2:** *Dieses so drehen, dass eine Acht entsteht. Die obere Bucht nach unten biegen.*

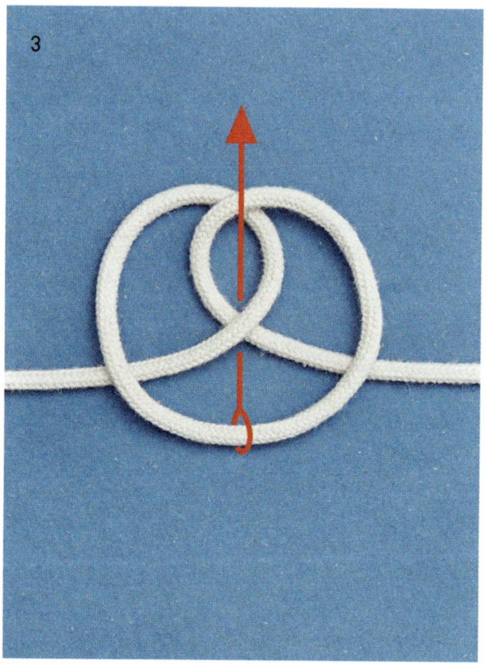

**BILD 3 UND 4:** *Die Bucht um den festen Teil führen und durch das Auge in der Mitte stecken.*

**BILD 5:** *Das Seil oben und unten halten und festziehen.* **BILD 6:** *Den Knoten auch waagrecht spannen.*

**BILD 7:** *Derselbe Knoten aus zwei Perspektiven. Fertig!*

# BUTTERFLY FÜR EINE ÖSE

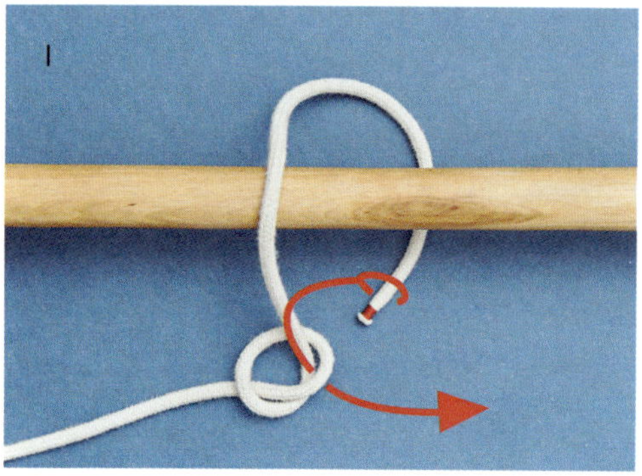


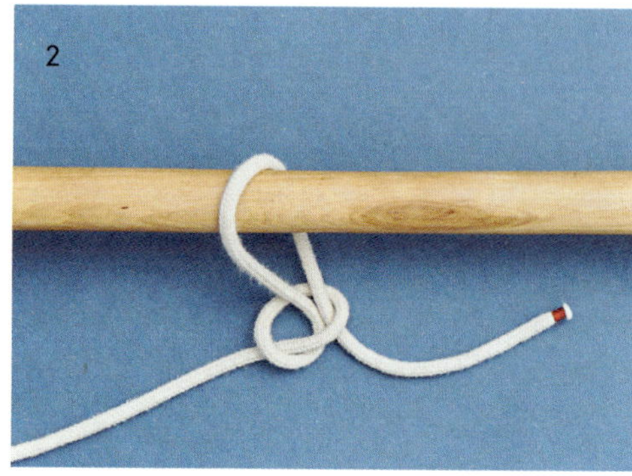


**BILD 1:** *Einen Überhandknoten machen und dann den losen Teil durch oder um den Gegenstand legen. Achte auf die Ausrichtung des Überhandknotens.* **BILD 2:** *Den losen Teil durch die Bucht am Überhandknoten stecken.*

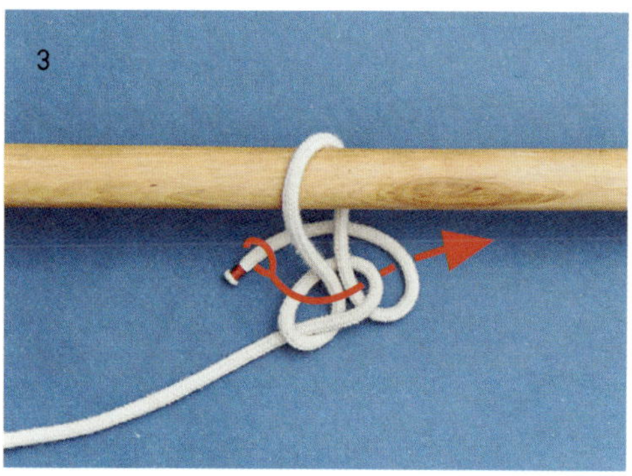


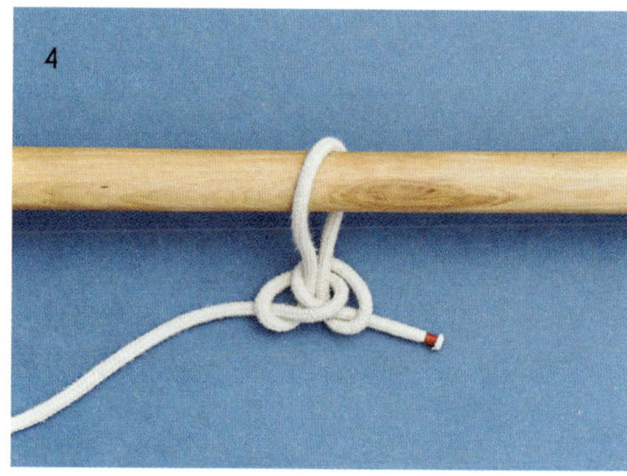


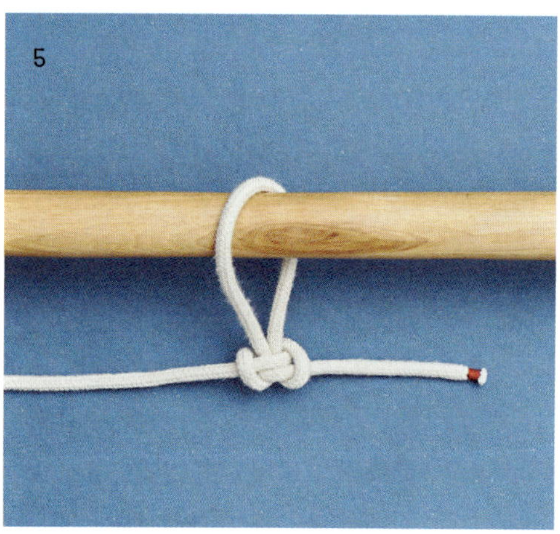


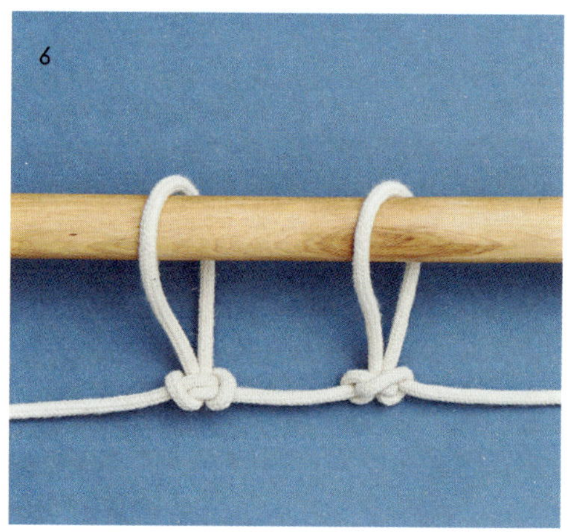


**BILD 3:** *Dem Pfeil entsprechend durchstecken.* **BILD 4 UND 5:** *Am festen und losen Teil ziehen.* **BILD 6:** *Derselbe Knoten aus zwei Perspektiven. Fertig*

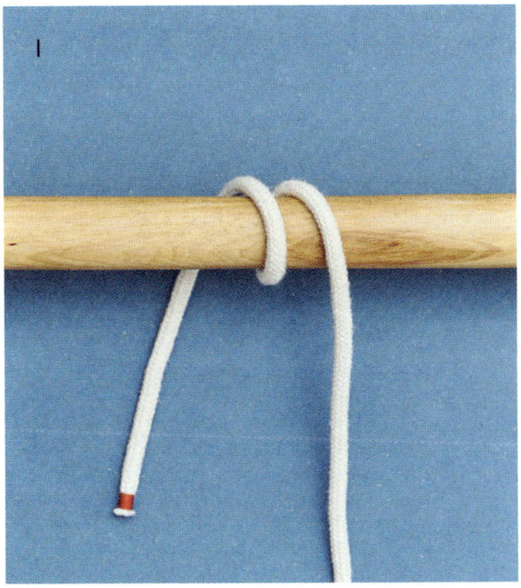

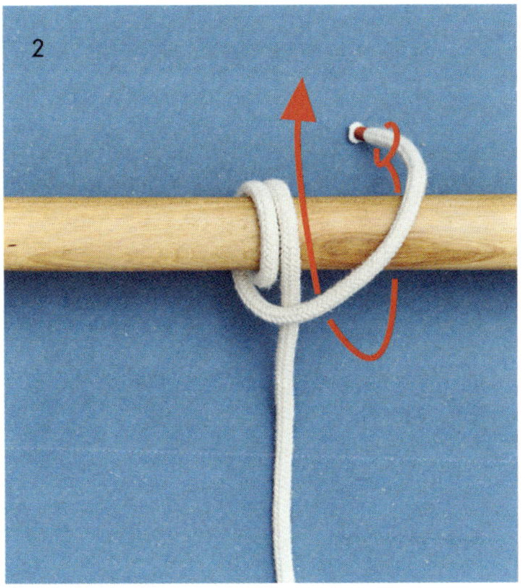


**BILD 1:** *Lege den Rundtörn wie abgebildet.*
**BILD 2:** *Dann am festen Teil mit einem halben Schlag um die Stange gehen.*

**BILD 3:** *Anziehen.* **BILD 4:** *Im Unterschied zum doppelten halben Schlag schafft der zusätzliche Rundtörn stärkeren Widerstand und verhindert, dass der Knoten abrutscht. Den Rundtörn möglichst weit in die Mitte der Reckstange platzieren.*

5KG

# SPRINGSEIL

Solltest du einmal in die Situation geraten, ein **SEILENDE** so weit wie möglich werfen zu wollen, kann sich das ganz schön schwierig gestalten. Dann nämlich, wenn das Ende des Seils zu leicht ist. In früheren Zeiten lösten die Seeleute das Problem, indem sie das Seilende mit einem stattlichen Knoten versahen. So wurde es ausreichend schwer, um es weit schleudern zu können.

Anscheinend kamen die Seeleute damals aber nicht auf die Idee, diesen Knoten als Handgriff an einem **SPRINGSEIL** zu verwenden. Ist das Seil ausreichend stark, bieten die Windungen einen guten Griff und sehen klasse aus. Stelle einen Fuß auf die Mitte des Springseils und messe das Seil auf Brusthöhe gestreckt ab: Dort sollen die Handgriffe sitzen.

KNOTEN:
*Wurfleinenknoten*

GEEIGNETE SEILE ODER SCHNÜRE:
*Dickeres Seil aus Synthetikmaterial*

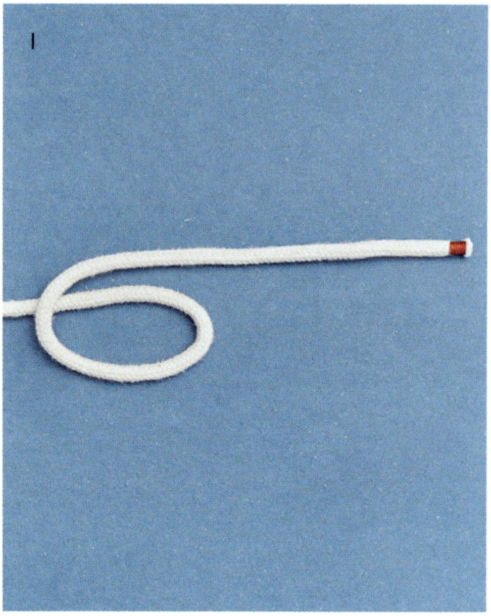


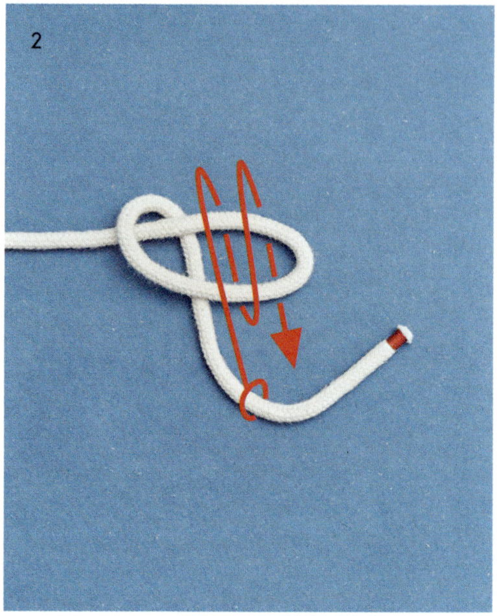


**BILD 1 UND 2:** *Ein Auge legen und zweimal das Seil um dieses herumführen. Die Länge des Auges bestimmt die Länge des Handgriffs.*

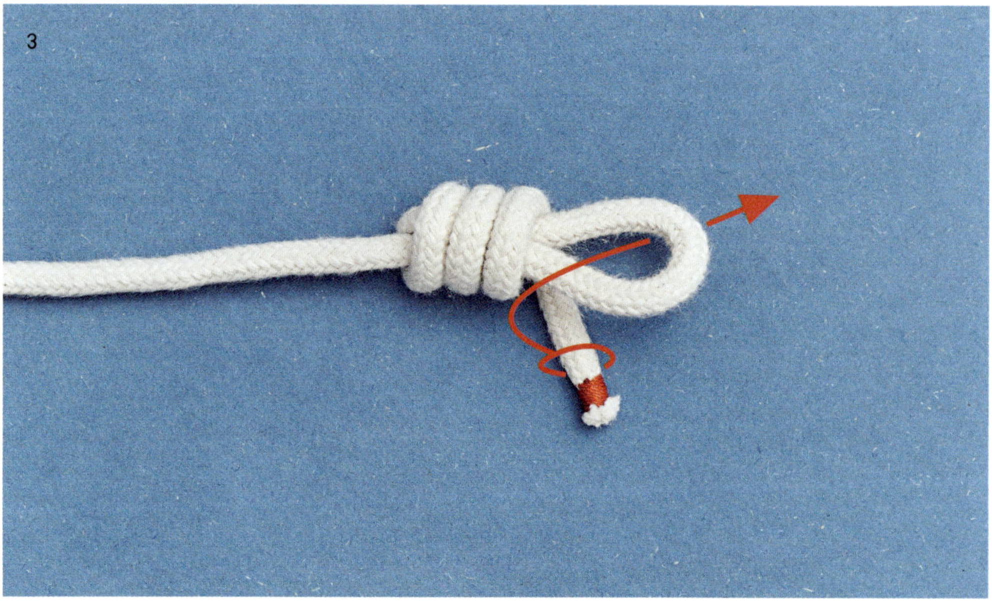


**BILD 3:** *Den losen Teil durch die Schlaufe führen, die sich gebildet hat.*

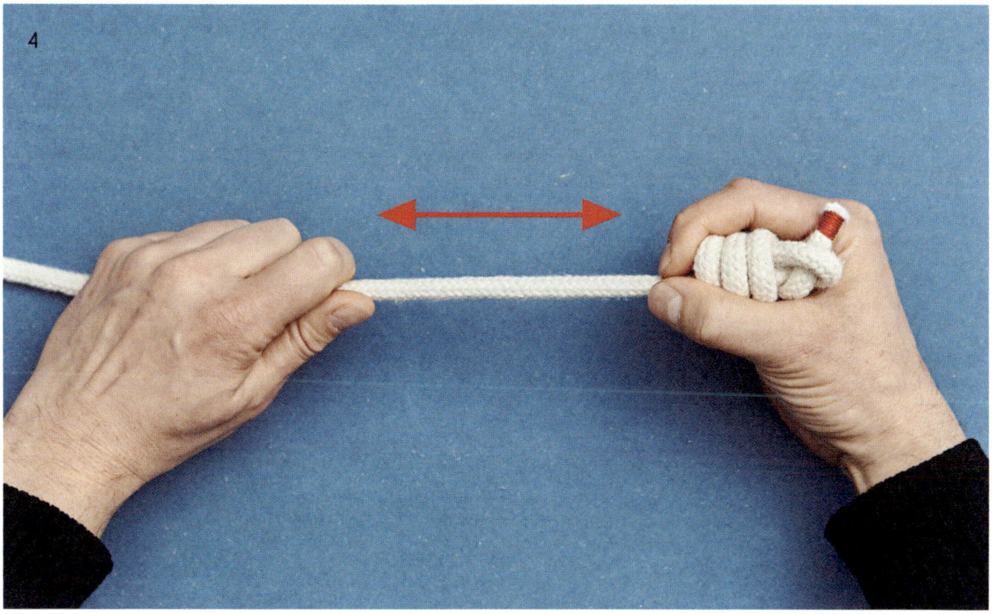


**BILD 4:** *Den Knoten festhalten und gleichzeitig am festen Teil ziehen. Die Schlaufe übernimmt die Funktion einer Schlinge und hält den losen Teil an seinem Platz.*

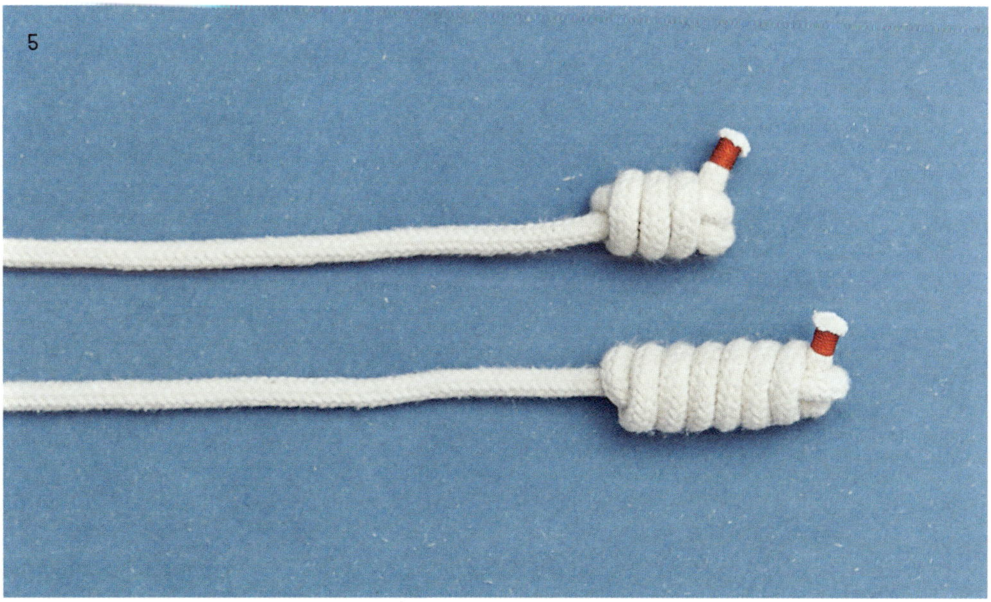


**BILD 5:** *Der Knoten kann ganz einfach kürzer oder länger gemacht werden.*

# SCHNELLER GÜRTEL FÜR EIN KLEID

Das hier ist kein doppelter Palstek, wie man ihn manchmal beim Bergsteigen verwendet, sondern eine **VARIANTE**, die sich leicht von ihm unterscheidet. Wie sie genau heißt, habe ich noch nicht herausbekommen, aber sie funktioniert ganz ausgezeichnet, um schnell die Taille zu definieren, wenn ein Kleid ansonsten etwas trist wirkt.

Auf dem Foto ist ein **GESCHLAGENES** Seil zu sehen, aber für einen sportlichen Look kann es auch selbstverständlich ein **GEFLOCHTENES** sein.

KNOTEN:
*Variante des doppelten Palsteks*

GEEIGNETE SEILE ODER SCHNÜRE:
*Dickeres Seil aus Naturmaterial*

# VARIANTE DES DOPPELTEN PALSTEKS

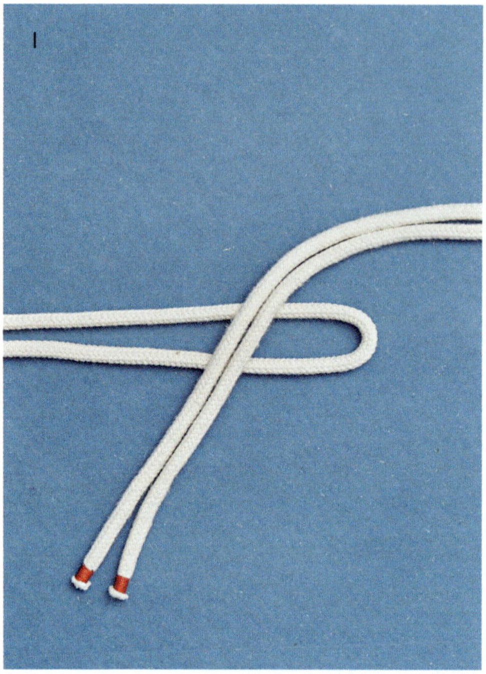


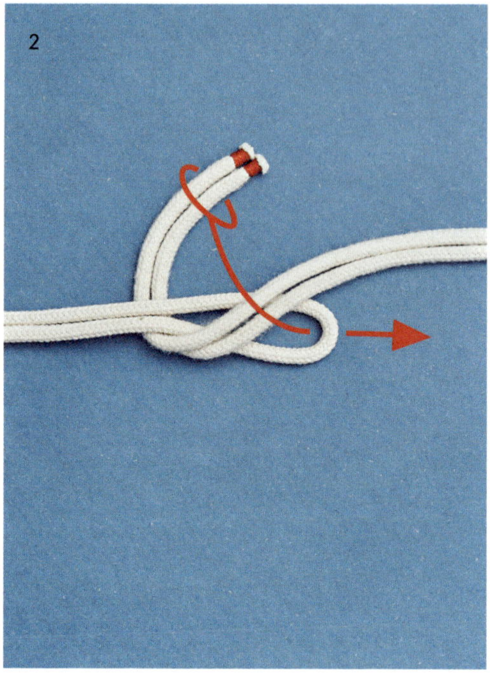

**BILD 1:** *Der Knoten wird so vorgestellt, als würde man ihn um die Taille knoten. Das lose Ende zeigt Richtung Füße.* **BILD 2:** *Einen halben Schlag um den festen Teil legen und die Enden durch die Bucht führen.* **BILD 3:** *Jetzt ist es ein doppelter Palstek. Ziehe den Knoten noch nicht zu fest an.*

**BILD 4:** *Gehe mit dem Seilende weiter um den festen Teil und durch die Bucht.*

**BILD 5:** *Nun ist diese Variante des doppelten Palsteks fertig und es bildet sich ein schöner, kleeblattförmiger Knoten.*

# AUFHÄNGUNG FÜR EINE BLUMENAMPEL

Zum Aufhängen eines Blumentopfes oder eines Glases ist der Bootsmannsmaatenknoten eine gute Wahl. Richtig hübsch wird das Arrangement mit einem **SPIRALKNOTEN**, der als Überhandknoten mit Einlage allen **MAKRAMEE**-Fans bekannt ist. Das geflochtene Spiralmuster zeichnet sich nach einigen Runden ab.

Am besten geeignet ist ein Blumentopf oder ein Glas mit deutlich ausgeprägtem Rand. Ganz oben an den geflochtenen Schnüren bringe ich einen Metallring zum Aufhängen an. Zuerst macht man einen Bootsmannsmaatenknoten, der den Blumentopf fixiert. Mit der Schlaufe und den Seilenden führt man dann die Knotenspirale so lang fort, wie man sie benötigt.

**KNOTEN:**
*Spiralknoten*
*Bootsmannsmaatenknoten, siehe Seite 110*

**GEEIGNETE SEILE ODER SCHNÜRE:**
*Dünneres Seil aus Synthetik- oder Naturmaterial*

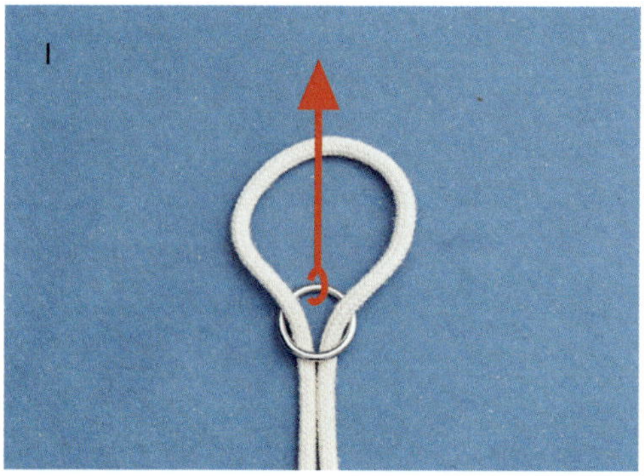


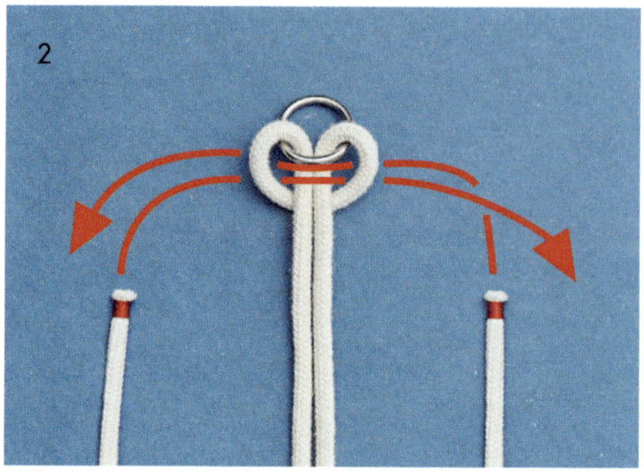


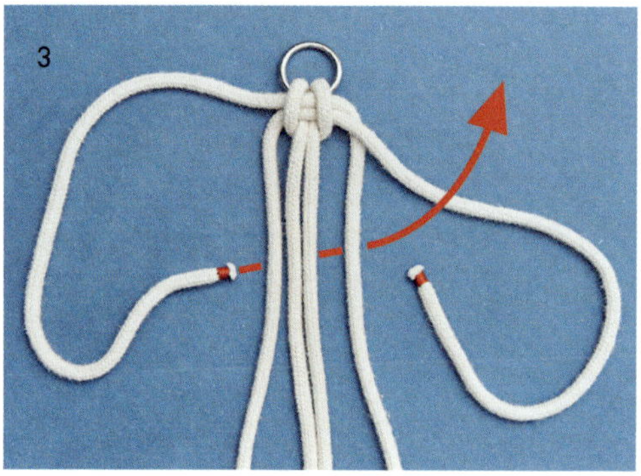


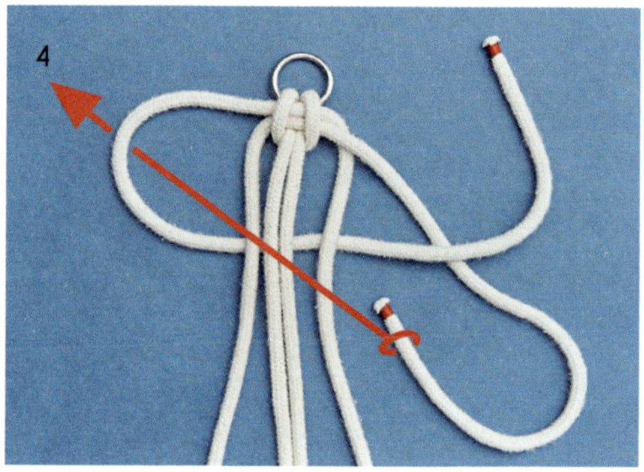


**BILD 1 UND 2:** *Die Schlaufe wie beim Kelligstek, siehe Seite 98, durch einen Ring stecken. Den Ring durch die Bucht ziehen und das Seil gemäß den Pfeilen durchstecken.* **BILD 3:** *Das linke Seilende dem Pfeil entsprechend auf die andere Seite bringen.* **BILD 4:** *Das rechte Seilende durch die linke Bucht stecken.*

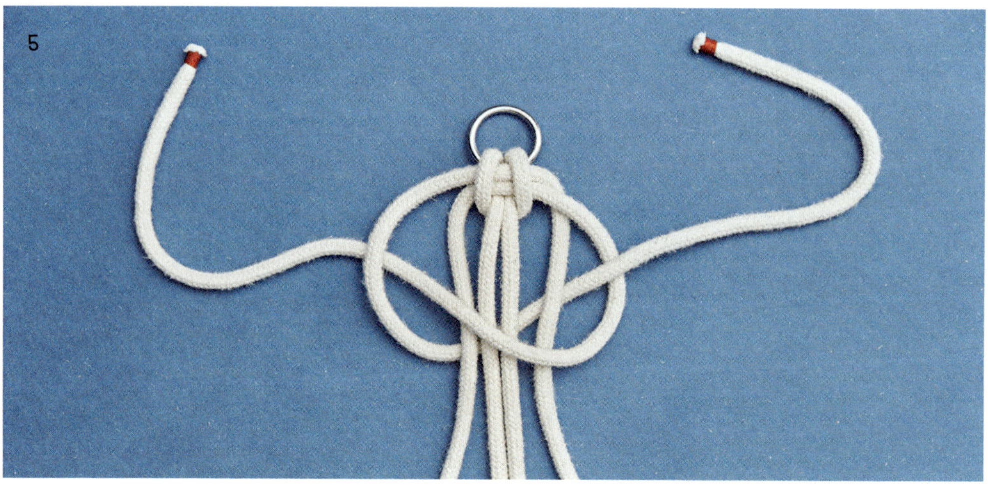


**BILD 5:** *Der Knoten erscheint wie ein Überhandknoten, bei dem die festen Teile in der Mitte herausschauen.*

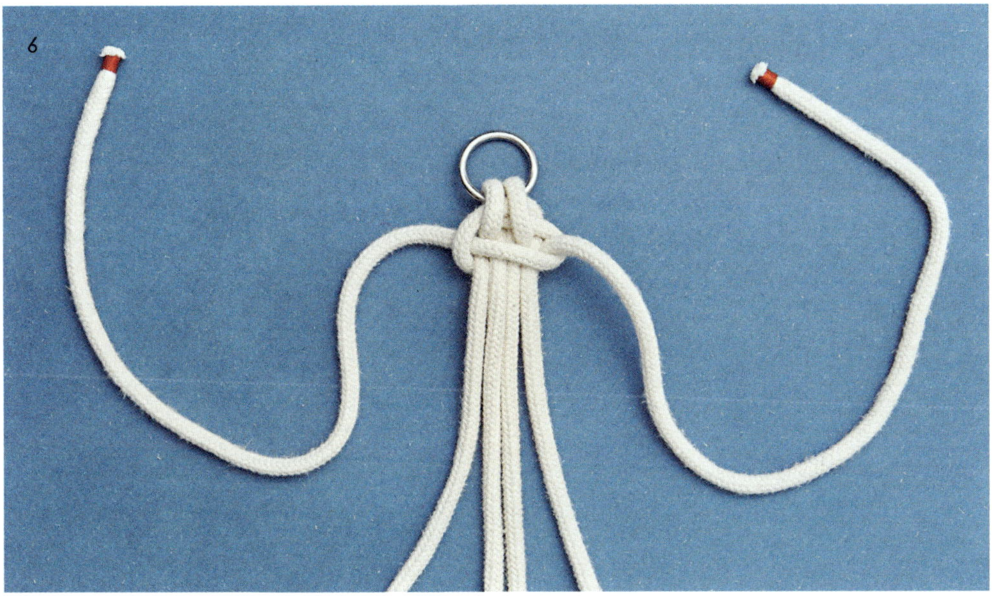


**BILD 6:** *Anziehen.*

**BILD 7:** *Schritt 3 bis 6 wiederholen. Nach einigen Windungen ergibt sich die Spiralform.*
**BILD 8:** *Die Spirale so lang weiterknüpfen, wie gewünscht. Dann die restlichen Enden abschneiden. Fertig!*

# BRILLENSCHNUR

Ich wünschte, ich hätte diesen Knoten gekannt, als ich an einem windigen Herbsttag über das Geländer der Stockholmer Brücke Västerbron schaute.

Der **WILDERERKNOTEN** ist auch in anderem Zusammenhang dienlich: Wenn man eine Schlinge benötigt, die nur schwer wieder geöffnet werden kann. Man muss den Knoten auch nicht unbedingt mit Rosshaar binden, so wie es die Jäger früher taten, wenn sie Waldvögel fingen.

Es ist einfacher, die Brille aufzusetzen und abzunehmen, wenn sich der Knoten am Bügel vor den Ohren befindet.

KNOTEN:
*Wildererknoten*

GEEIGNETE SEILE ODER SCHNÜRE:
*Dünnere Schnur aus Synthetik- oder Naturmaterial*

# WILDERERKNOTEN

**BILD 1:** *Eine Bucht legen und einen Rundtörn so um den festen Teil führen, dass sich ein Kreuz bildet.*

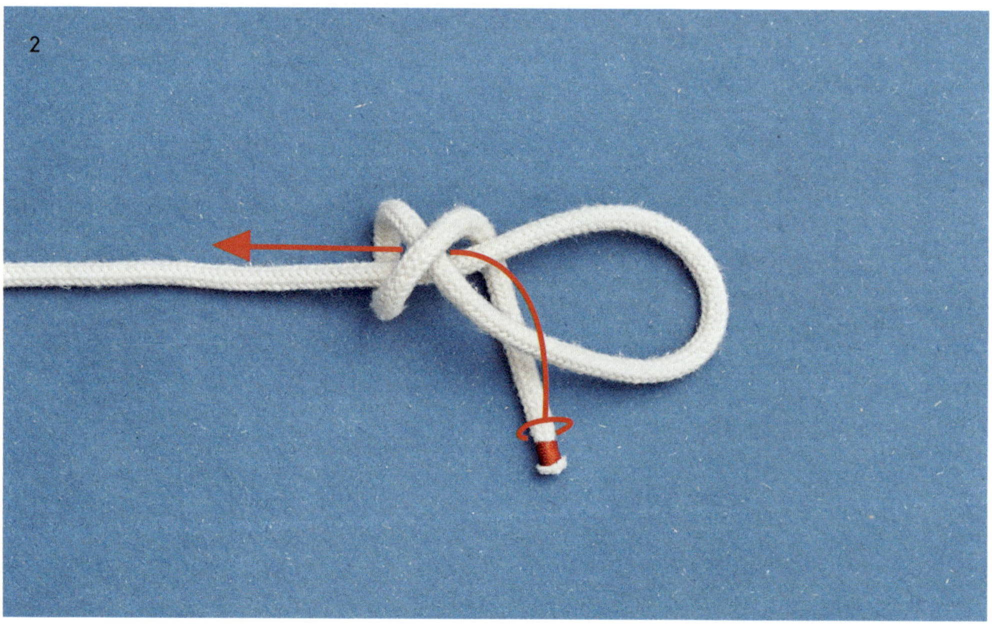


**BILD 2:** *Das lose Teil unter dem Kreuz hindurchziehen und das Seil straffen.*

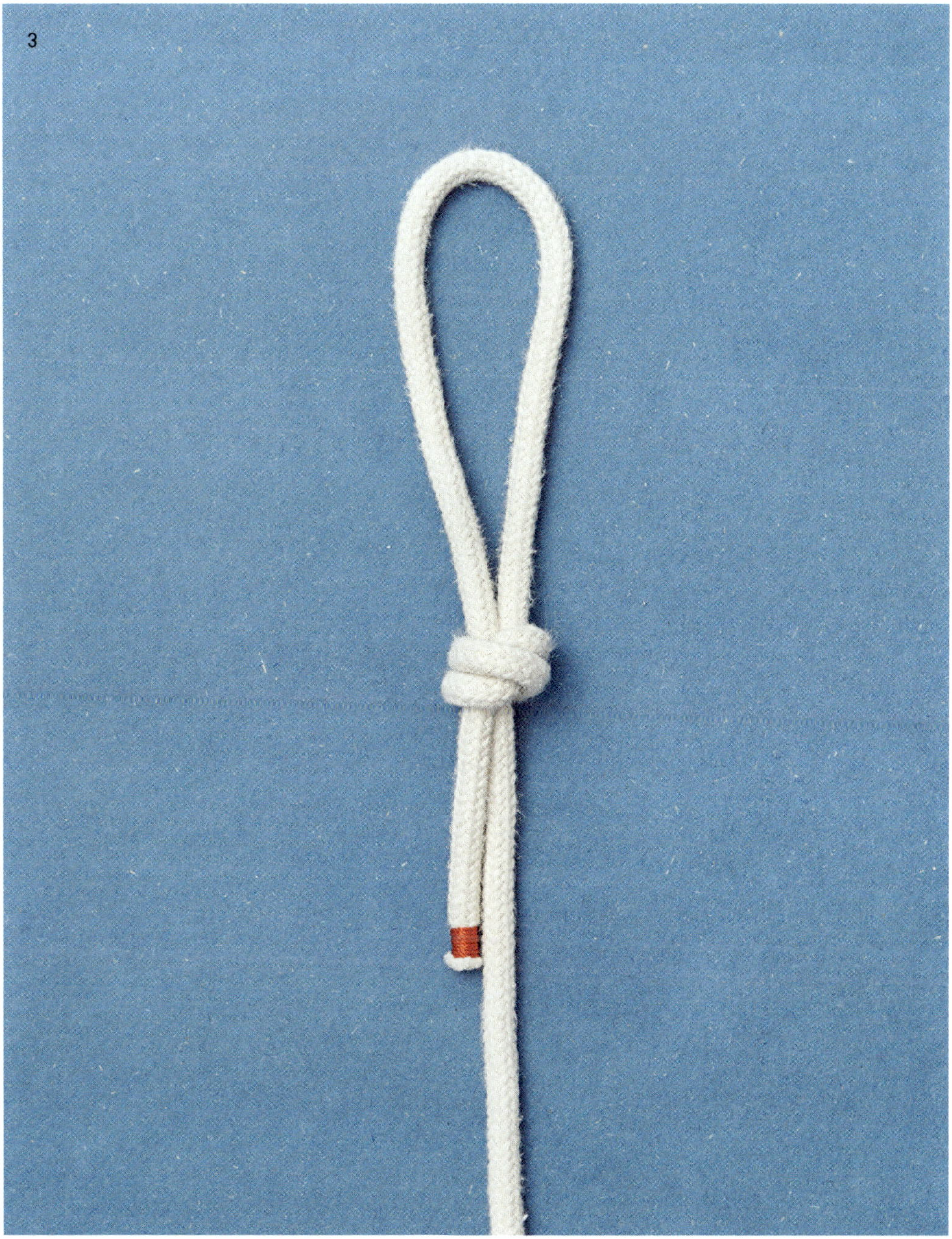


**BILD 3:** *Das Prinzip hier ist das einer Schlinge. Den Brillenbügel einfach durch diese durchfädeln und die Schnur festziehen.*

# HAARBAND

Der **KELLIGSTEK** war anfangs ein Knoten für Krabben- und Hummerreusen. Aber man kann ihn auch verwenden, wenn man kein Fischer ist. Beispielsweise ist er nützlich, um einen Pferdeschwanz mit einem hübschen Knoten zu binden.

In den Schlaufen entsteht ausreichend Reibung, um das Haarband an Ort und Stelle zu halten. Der Knoten lässt sich einfach wieder lösen.

Zum Abschluss kann man an den Enden jeweils einen dekorativen Knoten hinzufügen, zum Beispiel einen **ASHLEY-STOPPERKNOTEN**, wie er auf dem Foto zu sehen ist. Oder man umwickelt die Enden.

KNOTEN:
*Kelligstek*
*Ashley-Stopperknoten, siehe Seite 126*

GEEIGNETE SEILE ODER SCHNÜRE:
*Dünneres Seil aus Synthetik- oder Naturmaterial*

# KELLIGSTEK

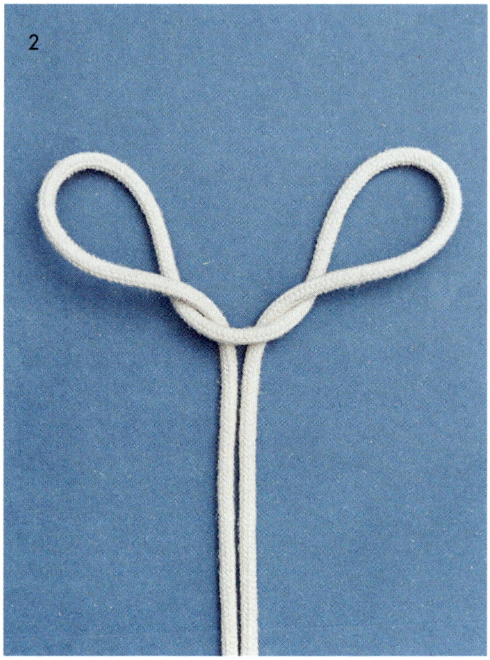


**BILD 1:** *Eine Bucht legen und über den festen Teil klappen.*
**BILD 2:** *Die beiden Buchten fassen und nach innen drehen, so wie auf dem Bild gezeigt.*

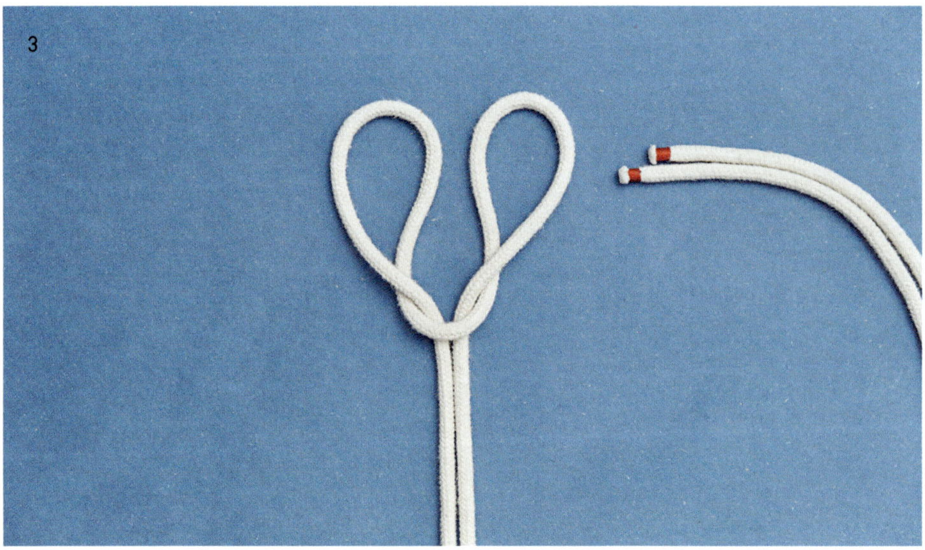


**BILD 3:** *Die losen Enden durch die entstandenen Augen stecken.*

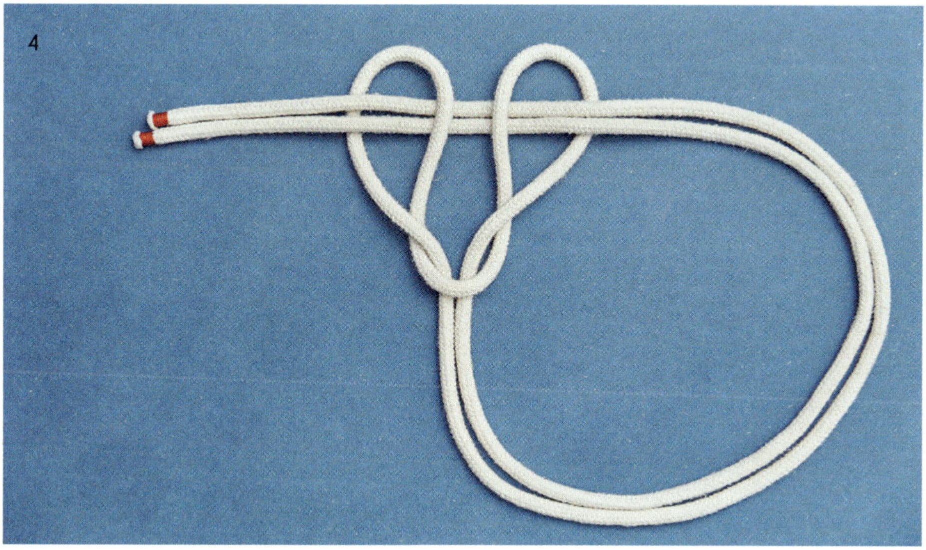


**BILD 4:** *Den Knoten so kräftig anziehen, dass er dank der Seilreibung fest bleibt und das Haar halten kann.*

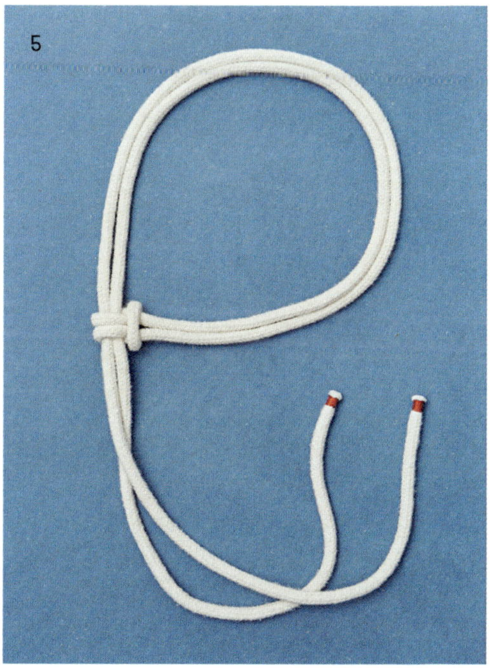


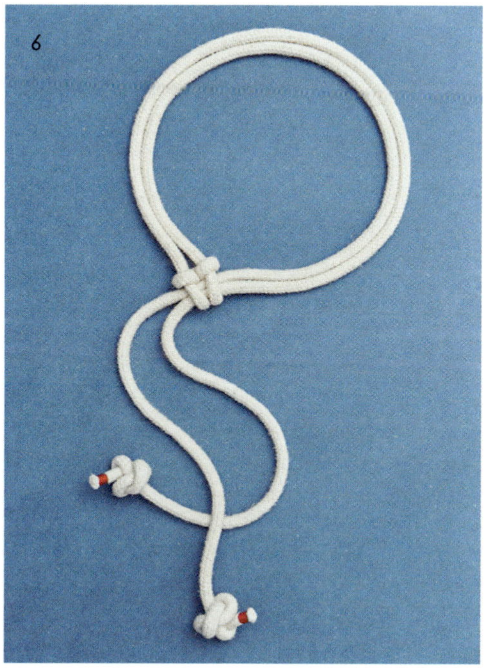


**BILD 5:** *Der Knoten ist fertig.* **BILD 6:** *Hier mit jeweils einem Ashley-Stopperknoten (siehe Seite 126) am Ende.*

# SCHLÜSSELANHÄNGER

Mit ein paar Knoten dekoriert, lässt sich der Schlüsselbund in der Tasche leichter auffinden. Der **DIAMANTKNOTEN** hat das zweifelhafte Vergnügen, auch zum Namen eines Serienmörders beizutragen, der in den 1980er-Jahren im südlichen Kalifornien wütete. Der „Diamond-Knot-Killer" band seine Opfer mit genau diesem Knoten fest, was Anlass zu Hoffnungen gab, man könnte dadurch ein Täterprofil erstellen – denn wer nahm sich die Zeit, unter solch fürchterlichen Umständen einen so dekorativen Knoten zu knüpfen?

Mit dem Knoten am Schlüsselbund hast du also immer einen (wenn auch vielleicht etwas morbiden) Gesprächseinstieg parat.

KNOTEN:
*Zweisträngiger Diamantknoten*
*Zweifarbige Affenfaust*
*Zweisträngiger Wandknoten um beide Enden*
*Ashley-Stopperknoten, siehe Seite 126*
*Affenfaust, siehe Seite 128*
*Wandknoten für Reißverschlüsse, siehe Seite 64*

GEEIGNETE SEILE ODER SCHNÜRE:
*Dünnes Seil aus Synthetik- oder Naturmaterial*

# ZWEISTRÄNGIGER DIAMANTKNOTEN

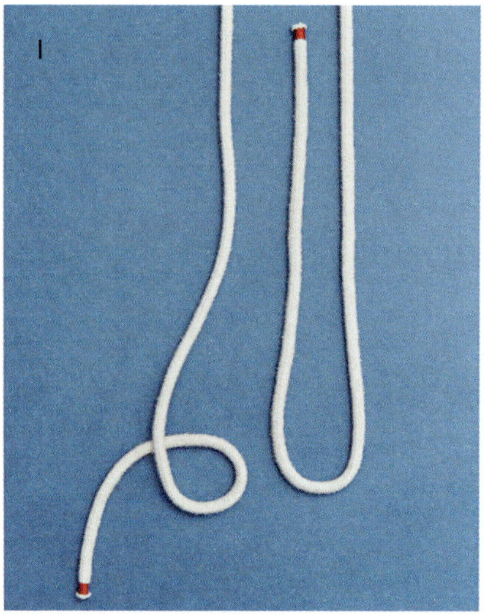


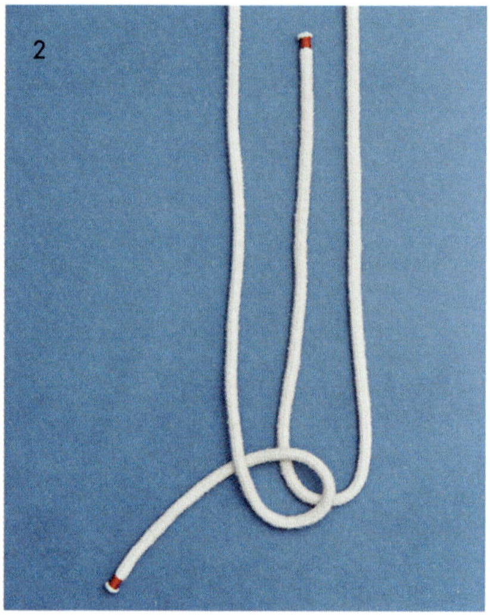


**BILD 1:** *Mit dem einen Teil ein Auge legen und mit dem anderen Teil eine Bucht. Achte darauf, in welche Richtung du das Auge gestaltest.* **BILD 2:** *Das Auge auf die Bucht legen.*

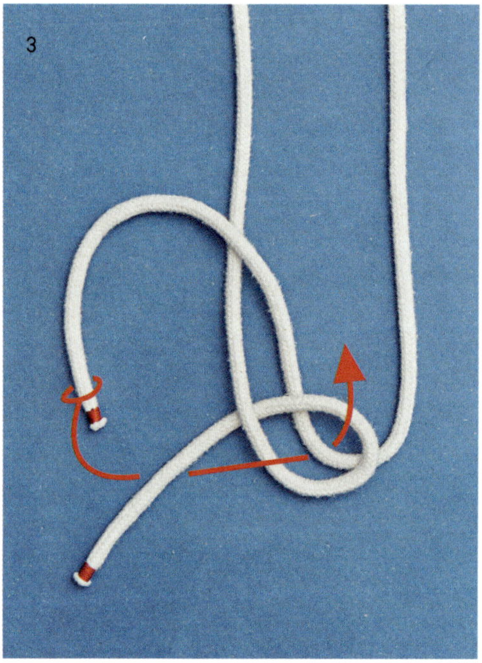


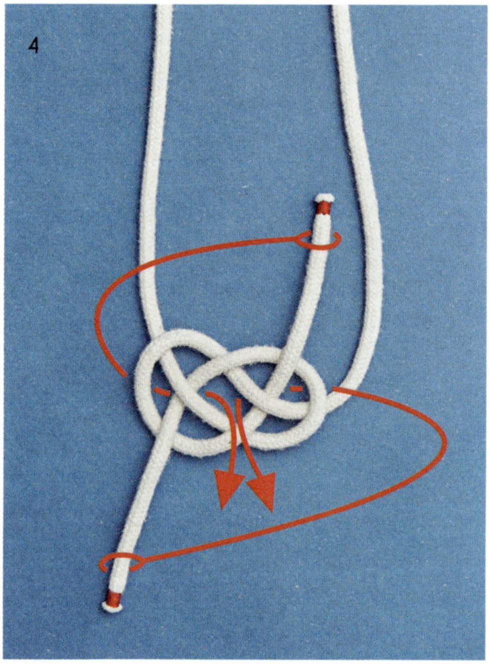


**BILD 3:** *Gemäß den Pfeilen das Seil führen.* **BILD 4:** *Bis hierhin hast du eine Trossenschlaufe. Gehe den Pfeilen entsprechend weiter vor und stecke die Seilenden schließlich durch die Mitte.*

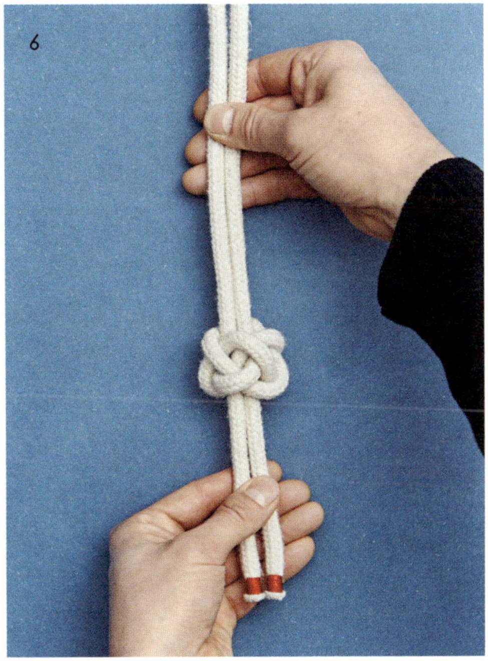


**BILD 5 UND 6:** *Vorsichtig am festen und losen Teil ziehen.*

**BILD 7:** *Den Knoten etwas zwischen den Fingern rollen, um ihn in Form zu bringen. Eventuell noch lose Bereiche nachspannen.* **BILD 8:** *Fertig!*

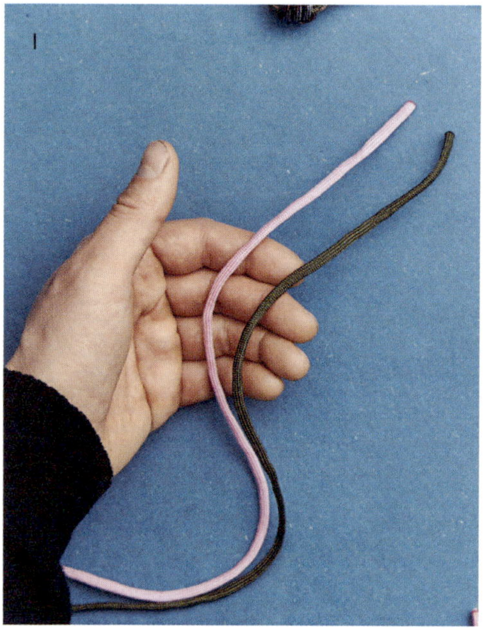


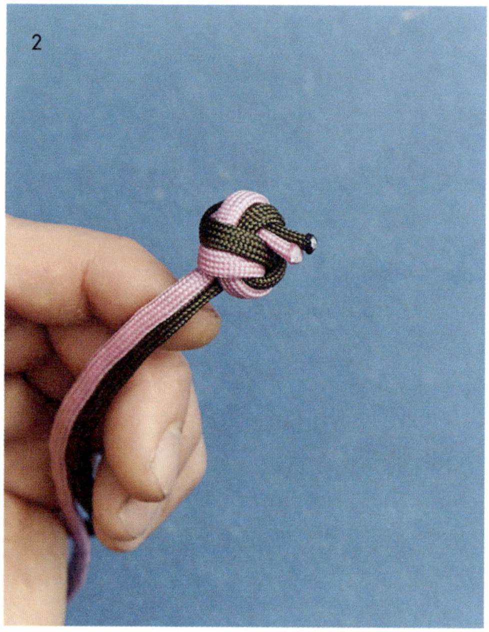


**BILD 1:** *Zwei verschiedenfarbige Seile nutzen.*
**BILD 2:** *Die Seile parallel legen und einen Ashley-Stopperknoten binden, siehe Seite 126.*

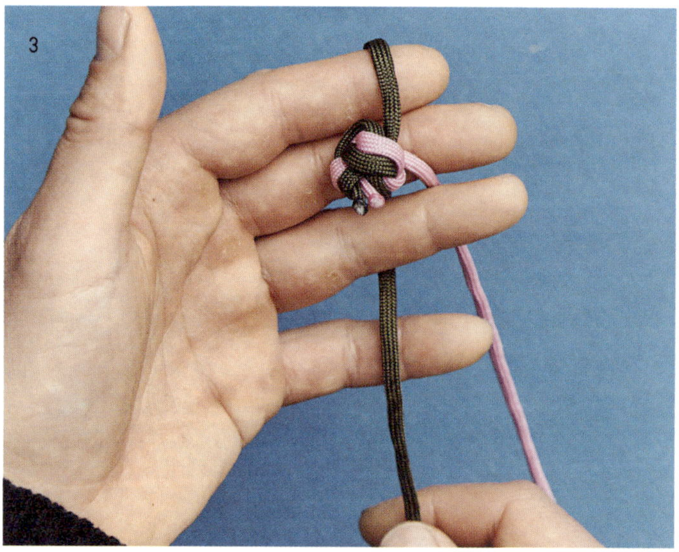


**BILD 3:** *Eines der Seile senkrecht um die Hand wickeln, sodass oben und unten drei Buchten entstehen. Die Farbe, mit der du beginnst, wird im fertigen Knoten weniger Seiten haben.*

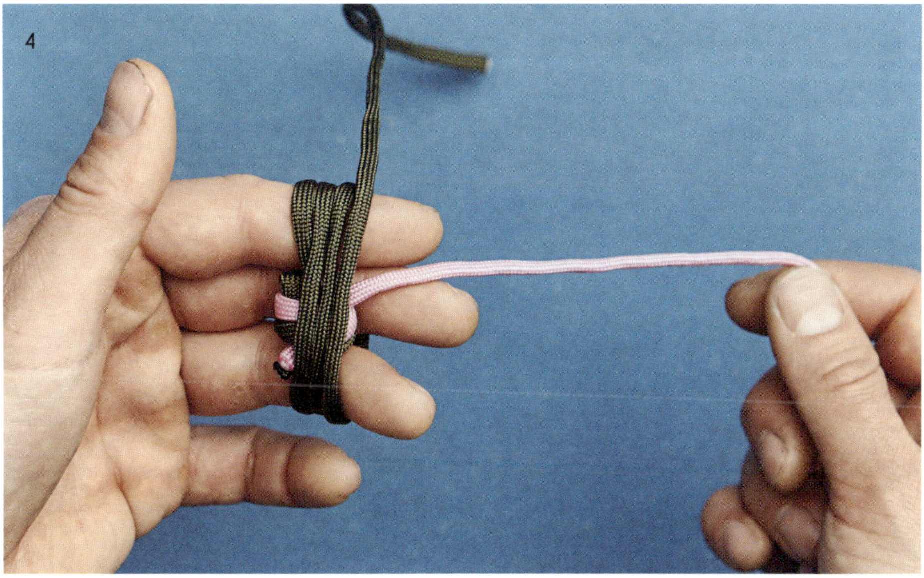


**BILD 4:** *Mit dem zweiten Seil weitermachen wie bei der einfarbigen Affenfaust, siehe Seite 128.*

**BILD 5:** *Die beiden Seile vom Stopperknoten aus nach außen spannen.* **BILD 6:** *Fertig!*

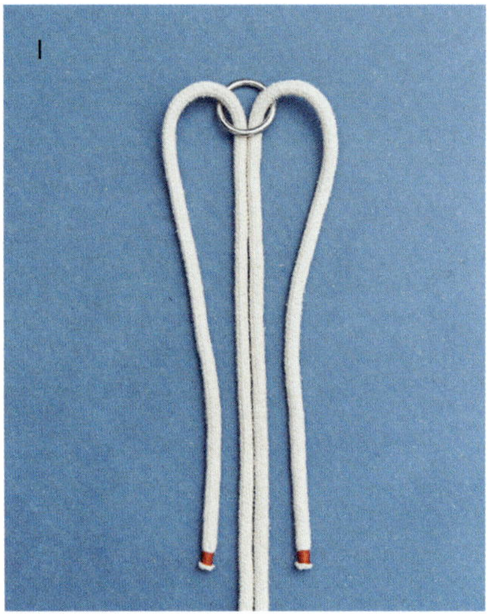


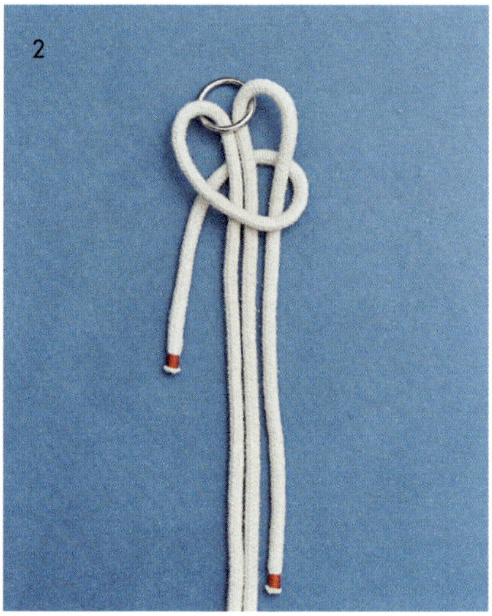


**BILD 1:** *Beide Enden durch einen Schlüsselring ziehen.*
**BILD 2:** *Das Seil um den einen losen Teil und beide feste Teile legen.*

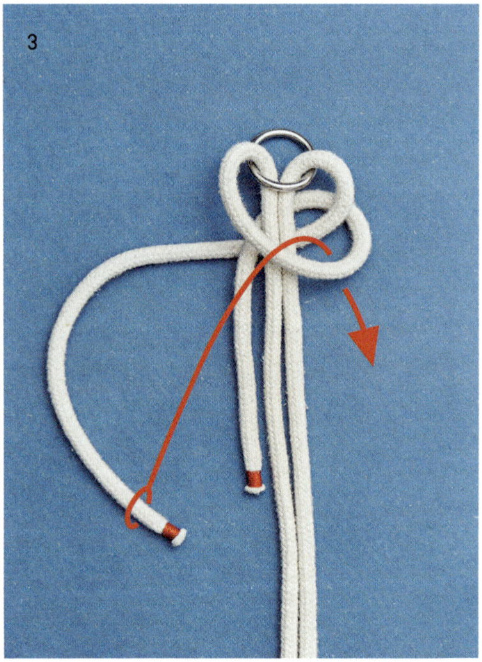


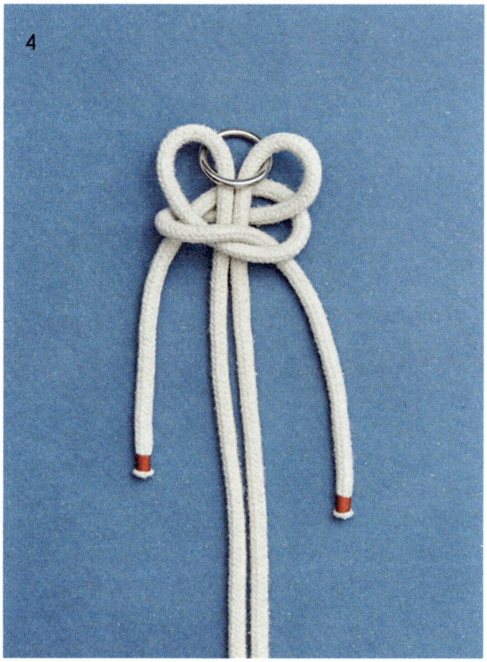


**BILD 3:** *Mit dem anderen losen Teil gehst du in dieselbe Richtung und durch die Bucht des ersten losen Teils.*

**BILD 5:** *Festziehen, hochdrücken und wieder festziehen.* **BILD 6:** *Rundtörn mit dem linken losen Teil legen.* **BILD 7:** *Das rechte Teil unten durchschieben.*

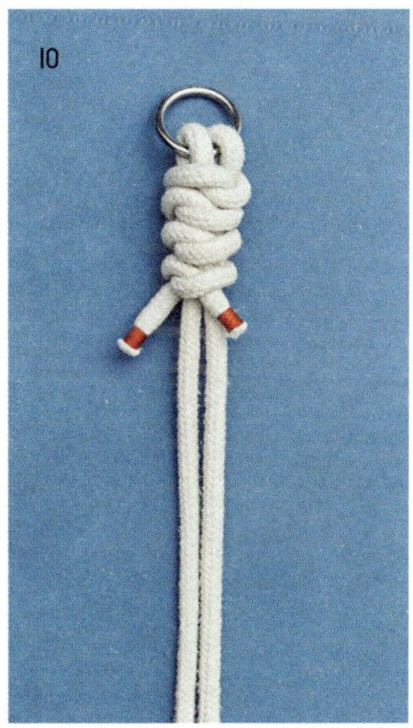


**BILD 8:** *Durch die Bucht führen.* **BILD 9:** *Von Schritt 6 an wiederholen.* **BILD 10:** *Die Enden abschneiden und abflammen. Fertig!*

# FLASCHENHALTERUNG

Wenn ich eine Trinkflasche oder Thermoskanne ohne eine Tasche mitnehmen will, verwende ich diese clevere Konstruktion. Sie hält die Flasche fest und bildet zudem einen Gurt, den ich mir auf dem Weg ins Fitnessstudio über die Schulter hängen kann. Der **BOOTSMANNSMAATENKNOTEN** hilft einem wirklich, den Überblick bei den Windungen zu behalten. Mithilfe eines **DOPPELTEN PALSTEKS** und des **SPIERENSTICHS** wird das Ganze eine praktische Halterung mit gutem Tragekomfort.

Den Bootsmannsmaatenknoten kann man auch verwenden, um Gläser oder andere runde Gegenstände aufzuhängen, wie auf Seite 88 zu sehen ist.

KNOTEN:
*Bootsmannsmaatenknoten*
*Doppelter Palstek*
*Doppelter Spierenstich*

GEEIGNETE SEILE ODER SCHNÜRE:
*Dünneres Seil aus Synthetikmaterial*

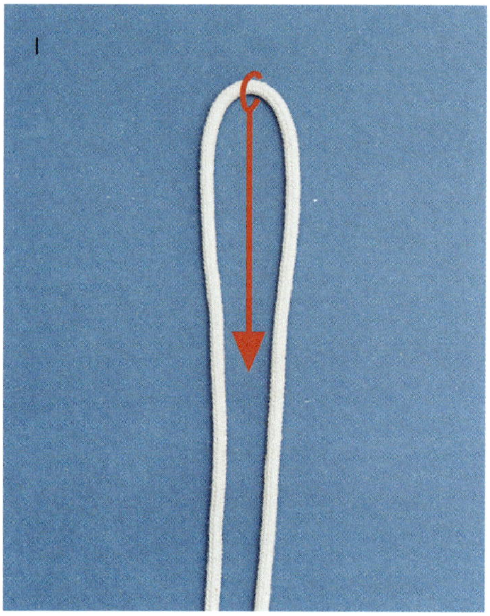


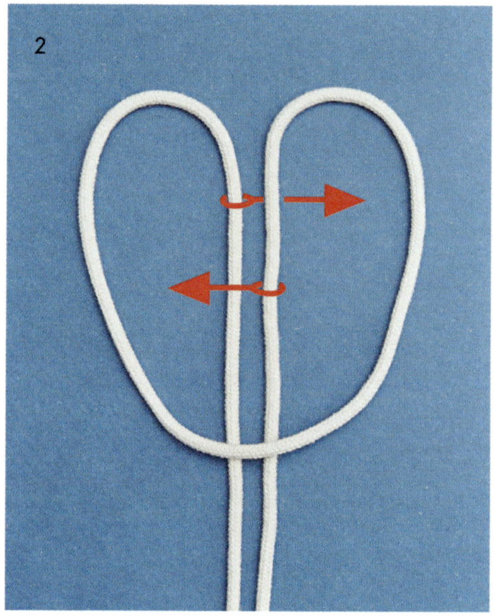


**BILD 1:** *Eine Bucht legen und diese nach unten klappen.* **BILD 2:** *Den linken Teil mit dem rechten kreuzen.*

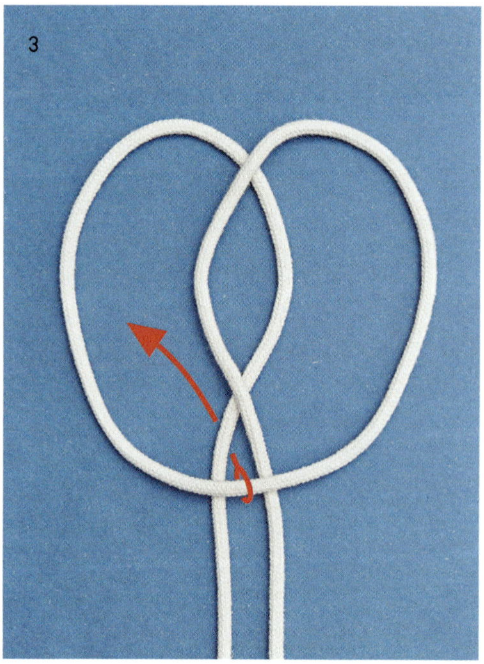


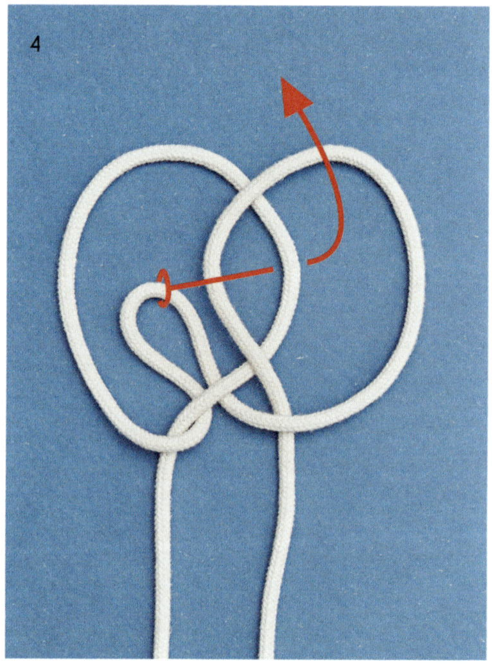


**BILD 3 UND 4:** *Am Dreieck unten das Seil gemäß den Pfeilen nach oben führen.*

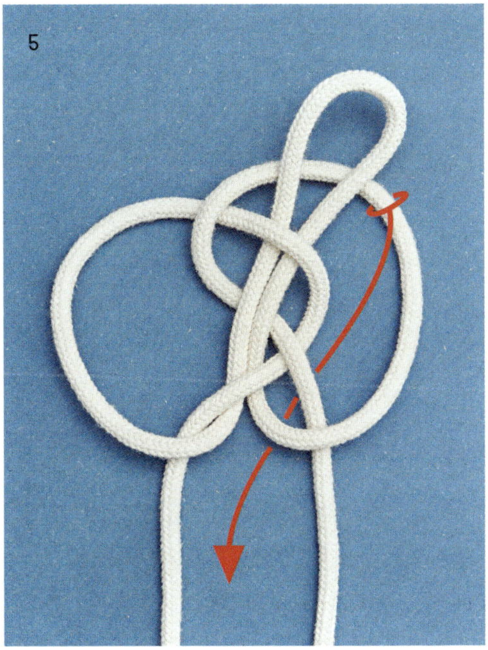


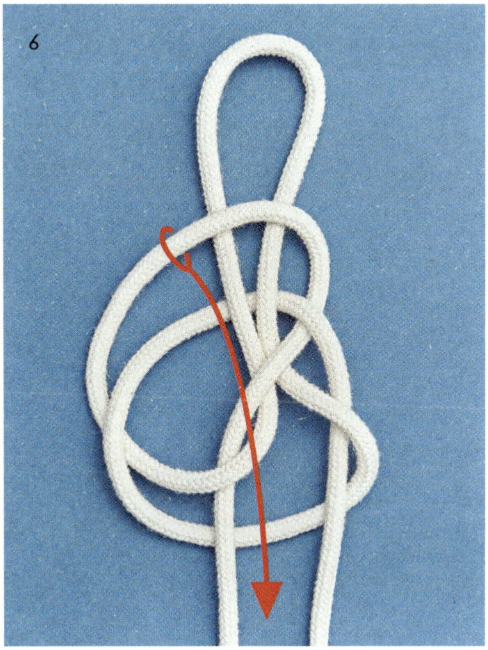


**BILD 5:** *Die rechte Bucht wie angezeichnet umlegen.* **BILD 6:** *Die linke Bucht nach vorne klappen.*

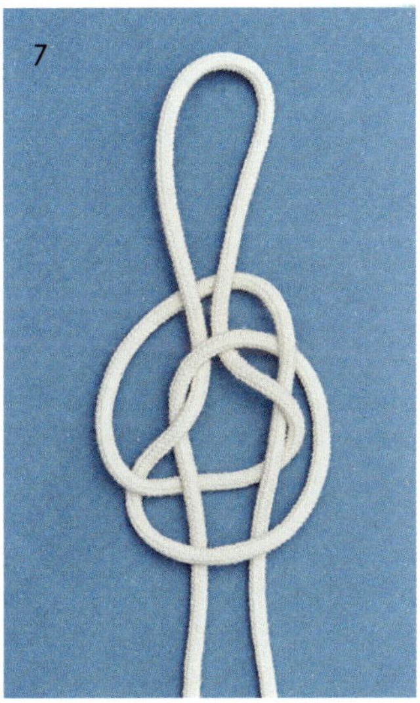


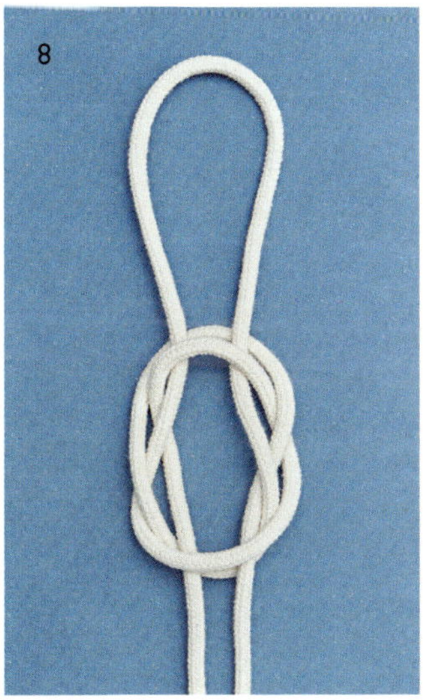


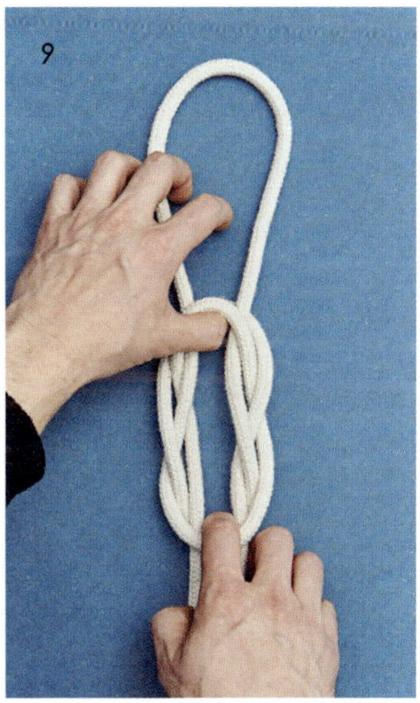


**BILD 7 UND 8:** *Den Knoten anziehen, indem du an die entstandene Bucht und an den festen Teil greifst. Aber nicht so sehr straffen, dass die Öffnung in der Mitte ganz verschwindet.* **BILD 9:** *Die Öffnung durch Schieben und Aufziehen vergrößern, wie es das Bild zeigt. Fertig!*

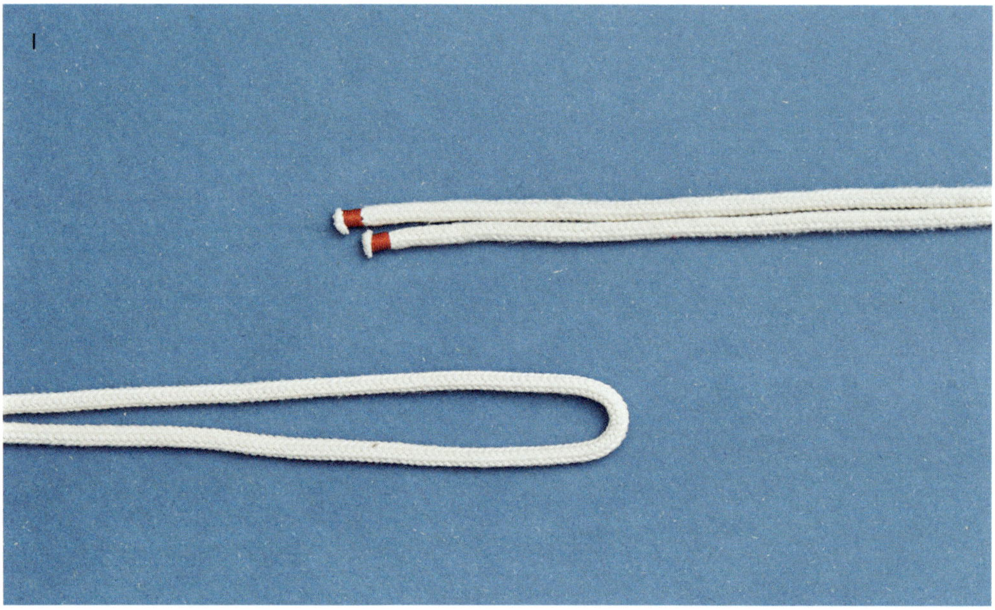


**BILD 1:** *Eine Bucht legen.*

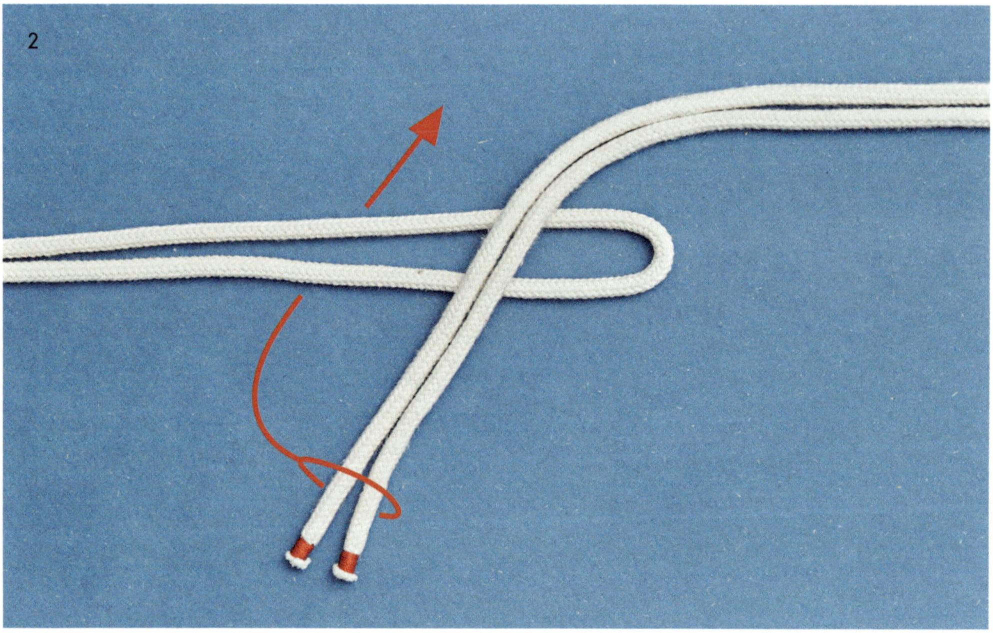


**BILD 2:** *Nun einen Rundtörn mit dem losen Teil anschließen.*

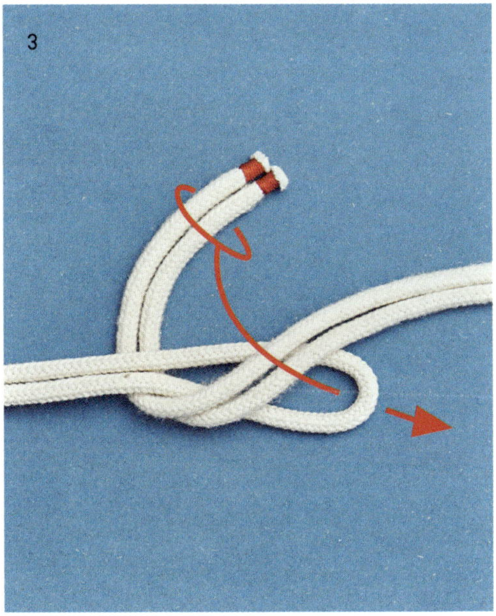

**BILD 3:** *Den losen Teil durch die Bucht ziehen.*

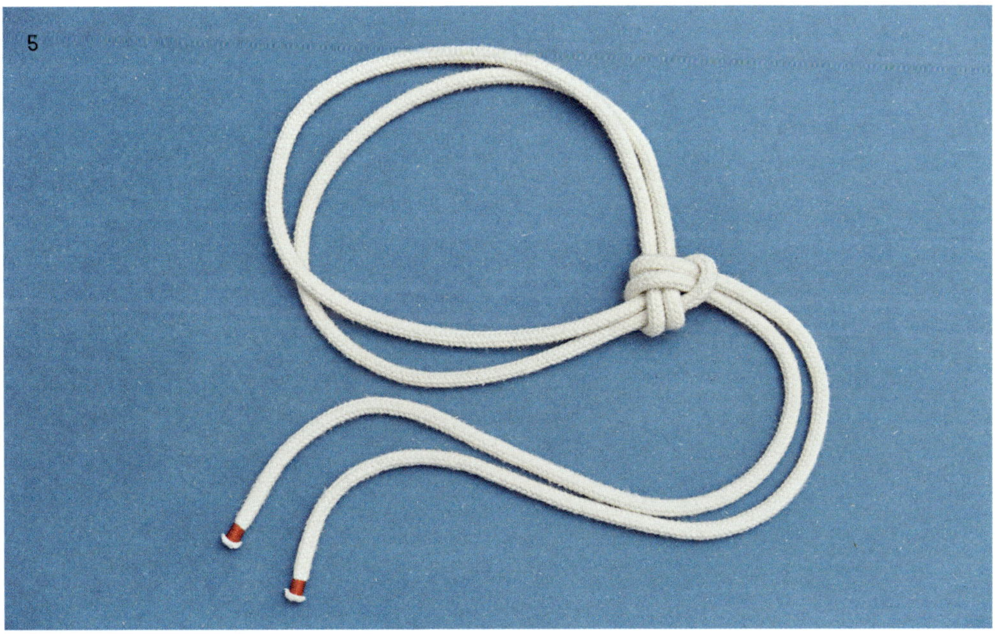


**BILD 5:** *Fertig!*

# DOPPELTER SPIERENSTICH

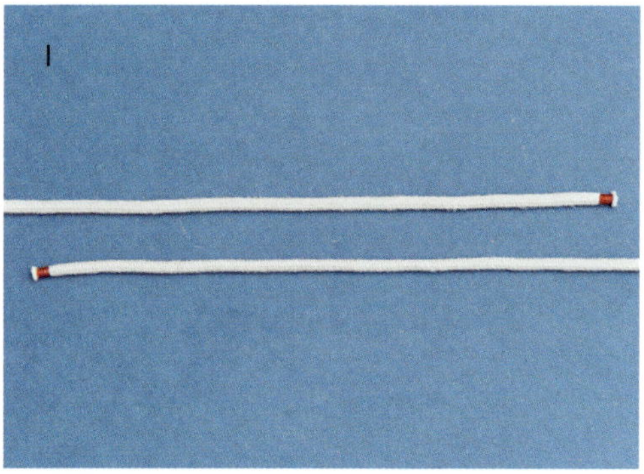


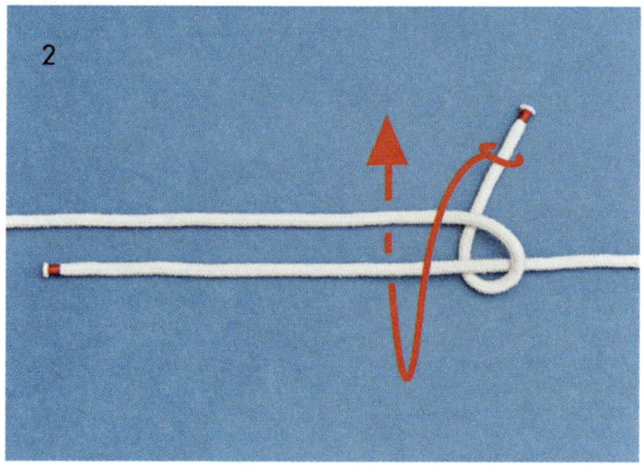


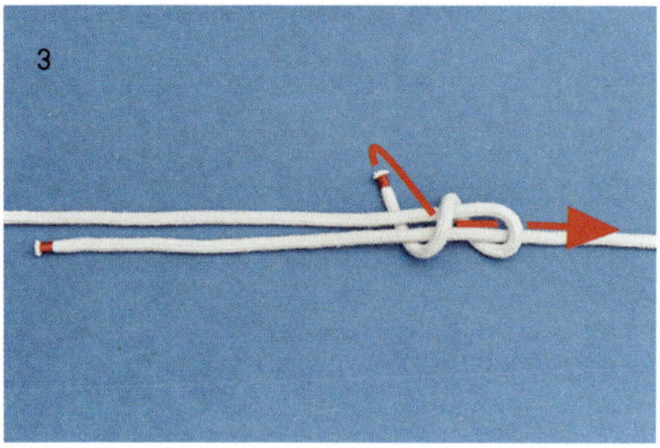


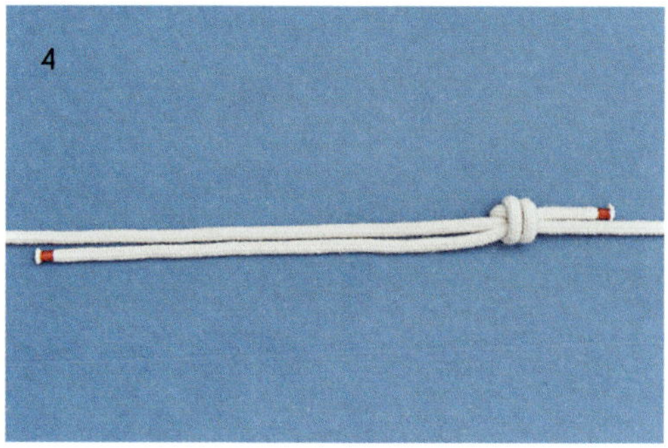


**BILD 1 UND 2:** *Rundtörns zweimal wie angezeichnet um das Seil legen.*
**BILD 3 UND 4:** *Das Ende durch die Rundtörns stecken und anziehen.*

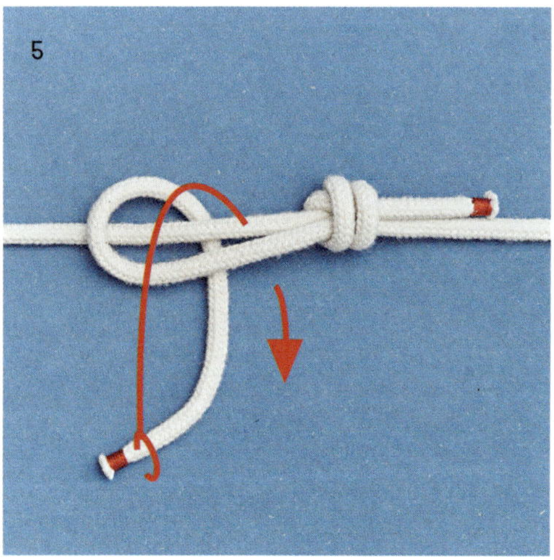

**BILD 5 UND 6:** *Den gleichen Knoten mit dem anderen Ende herstellen. Achte darauf, in welche Richtung du die Rundtörns ausführst.*

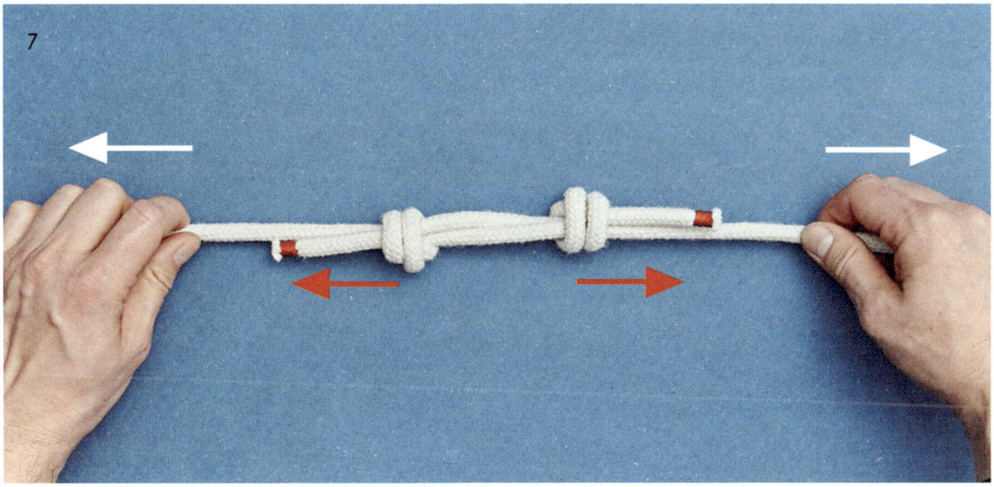


**BILD 7:** *Nun kann man das Seil verlängern oder verkürzen und dabei die Reibung in den Knoten nutzen. Du verlängerst es, indem du an den festen Teilen (weiße Pfeile) ziehst, und verkürzt es, indem du die Knoten fasst (rote Pfeile).*

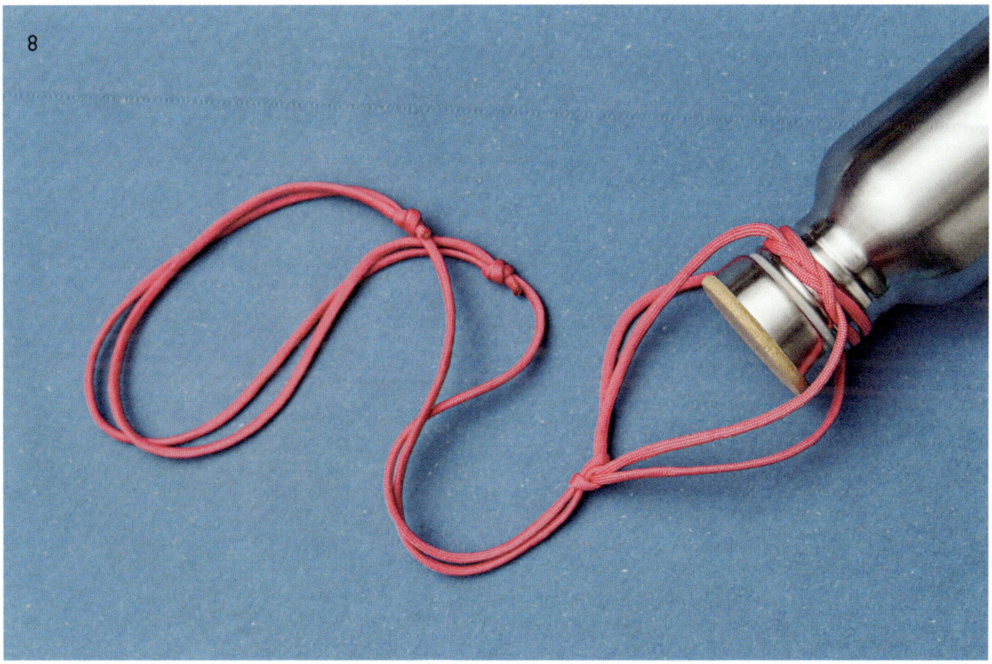


**BILD 8:** *Auf dem Foto von links nach rechts: doppelter Spierenstich, doppelter Palstek und Bootsmannsmaatenknoten.*

# FLICKEN EINES PLATTEN REIFENS

Als ich ein Loch im Fahrradschlauch reparieren wollte, stellte ich fest: Der Kleber aus meinem Reparaturset war eingetrocknet. Was für ein Glück, dass man mit einem einfachen Knoten und einem Stück Angelschnur sogar einen Platten flicken kann! Wenn man das Loch abschnürt, ist es kein Problem, damit weiterzuradeln. Zudem hält die geflickte Stelle erstaunlich lang.

Die Methode soll aus wärmeren Ländern kommen, in denen Klebstoff hitzebedingt nicht richtig haftet. Der geniale Knoten wird **KONSTRIKTOR** genannt, und mein Vorgehen nenne ich die **KONSTRIKTORABSCHNÜRUNG**. Der Knoten kann auch anstelle von Kabelbindern oder zum Binden eines Blumenstraußes wie auf Seite 47 verwendet werden.

KNOTEN:
*Konstriktorabschnürung*

GEEIGNETE SEILE ODER SCHNÜRE:
*Angelschnur oder andere feste Schnur*

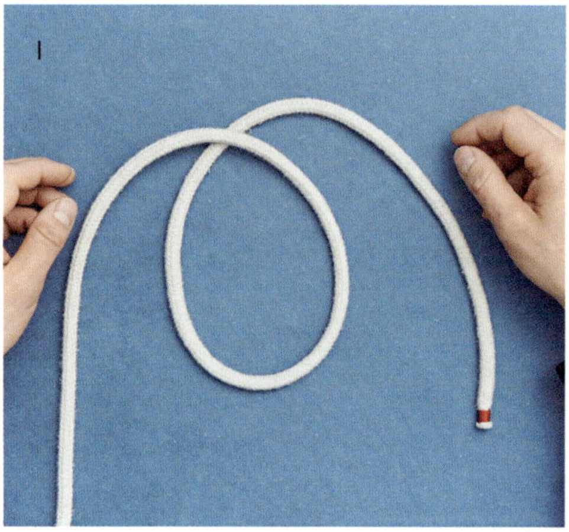


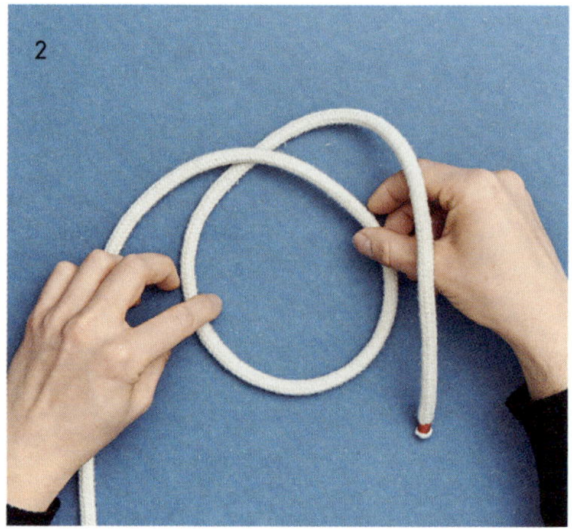


**BILD 1 UND 2:** *Ein Auge legen.*

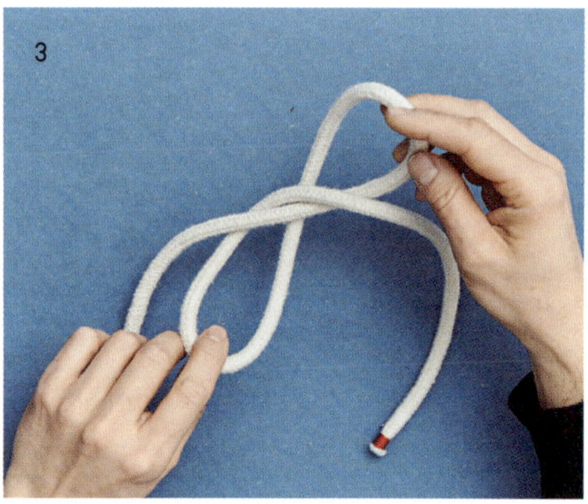


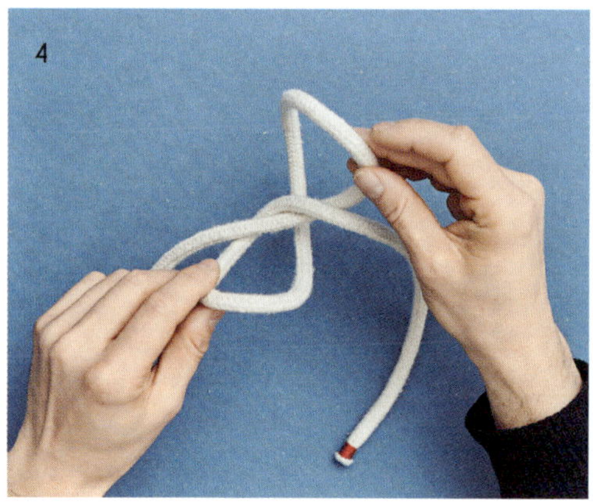


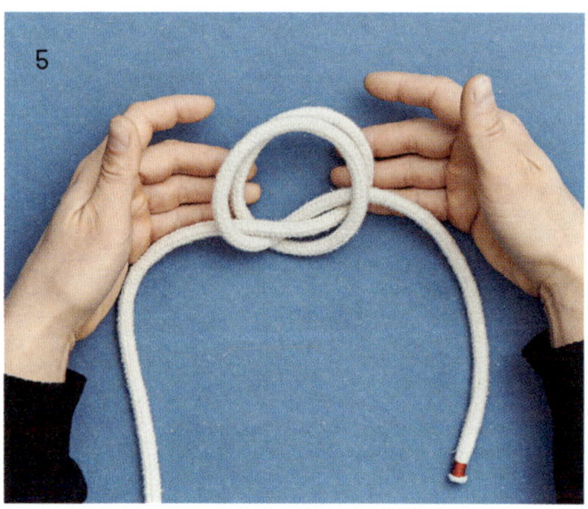


**BILD 3:** *Die Bucht unter den losen Teil ziehen und gleichzeitig mit der rechten Hand drehen, sodass eine Acht entsteht.* **BILD 4:** *Die beiden Buchten der Acht zusammenklappen.* **BILD 5:** *Nun kann der Knoten über den Platten gezogen werden.*

**BILD 1:** *Das Loch im Schlauch lokalisieren.*
**BILD 2:** *Einen Konstriktorknoten legen und ihn auf eine Zange ziehen.*

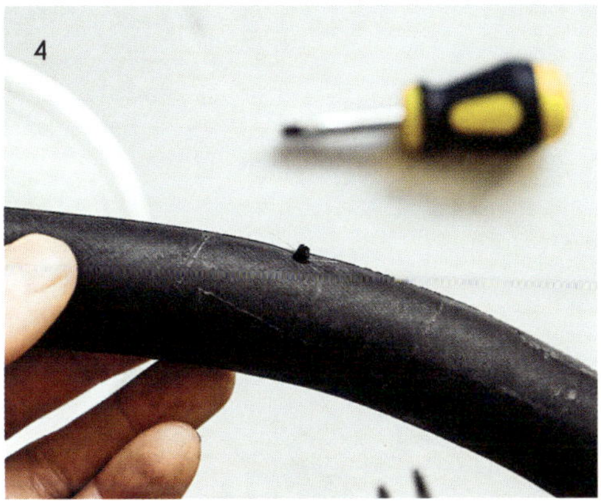

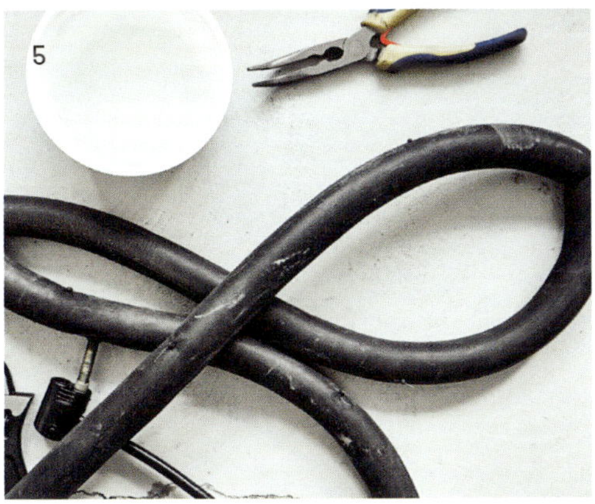

**BILD 3:** *Mit der Zange um das Loch herumgreifen und das beschädigte Stück Gummischlauch hervorholen. Den Konstriktorknoten um dieses legen und anziehen. Es hilft sehr, wenn man dafür ein zusätzliches Paar Hände zur Verfügung hat.* **BILD 4:** *Den Knoten anziehen und der platte Reifen ist repariert.* **BILD 5:** *Hier habe ich gleich mehrere Löcher derart geflickt.*

# KATZENSPIELZEUG

Ein nettes Spielzeug für alle süßen und spielwütigen Katzen. Um eine Quaste am Katzenspielzeug zu erhalten, zieht man zuerst den Kern ein Stück aus der Ummantelung des Seils, bevor man einen **EINFACHEN DIAMANTKNOTEN** knüpft. Anschließend kann man die Quaste mit den Fingerspitzen noch etwas aufzupfen.

Der Handgriff entsteht mit einem **ZWEISTRÄNGIGEN WANDKNOTEN** – einem vielfältig verwendbaren Knoten, den man beispielsweise auch für Schlüsselringe, als Zipperersatz an einem Reißverschluss, für ein Armband oder vielleicht auch als Riemen für die Kamera oder ein Fernglas nutzen kann.

KNOTEN:
*Zweisträngiger Wandknoten*
*Einfacher Diamantknoten, siehe Seite 52*

GEEIGNETE SEILE ODER SCHNÜRE:
*Dünneres Seil aus Synthetikmaterial mit einem Kern*

# ZWEISTRÄNGIGER WANDKNOTEN

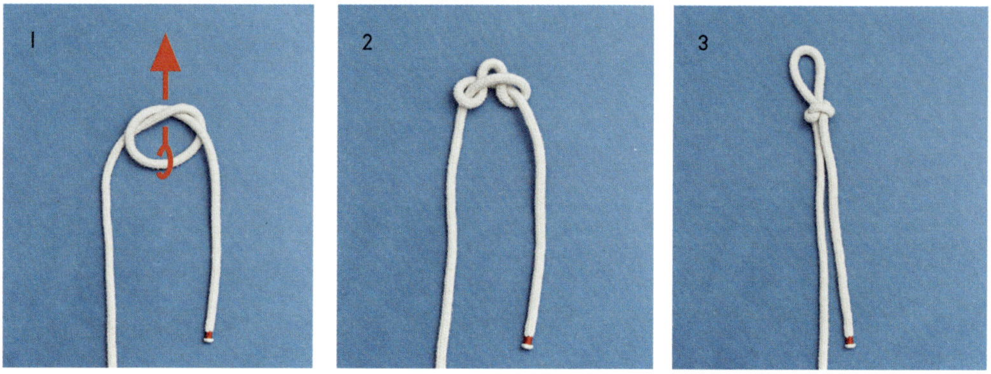


**BILD 1 UND 2:** *Schlage einen Überhandknoten. Achte darauf, in welche Richtung du ihn bindest. Die untere Bucht durch den Überhandknoten ziehen.* **BILD 3:** *Die Bucht und den stehenden Teil fassen und anziehen.*

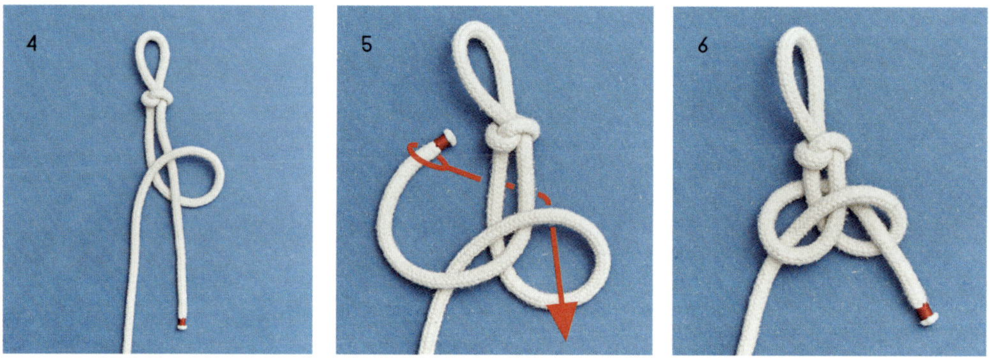


**BILD 4:** *Mit dem langen Ende einen halben Schlag um das kurze Ende legen.* **BILD 5:** *Das kurze Ende dem Pfeil entsprechend führen.* **BILD 6:** *Wiederholen, bis die gewünschte Länge erreicht ist.*

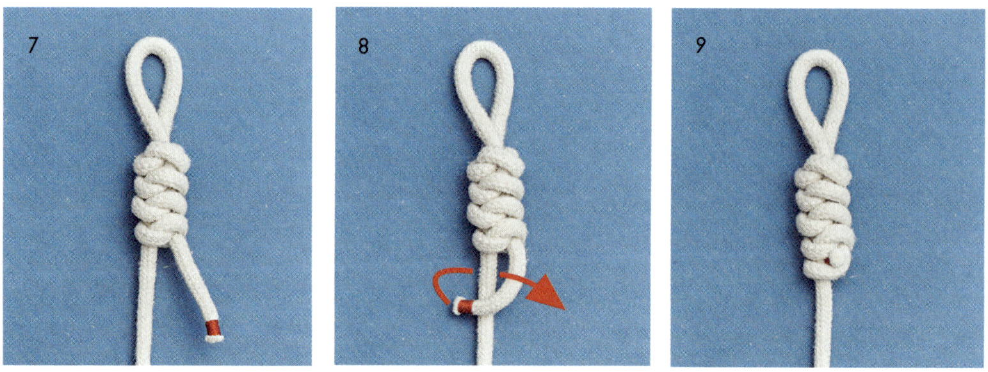


**BILD 7 UND 8:** *Mit einem halben Schlag enden. Das überschüssige Seil eventuell abschneiden.* **BILD 9:** *Fertig!*

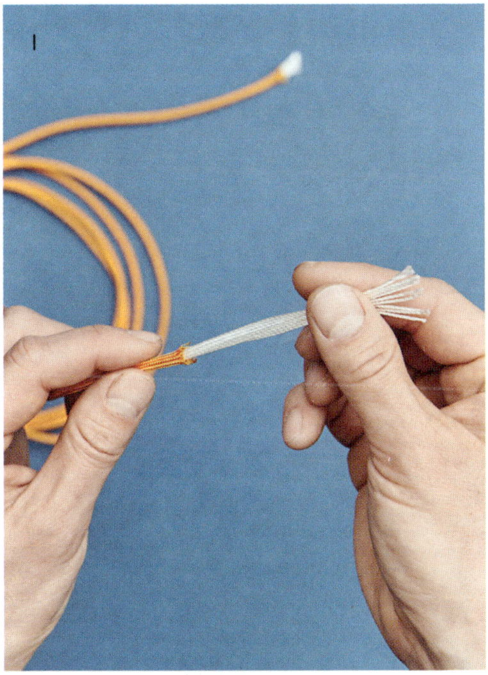


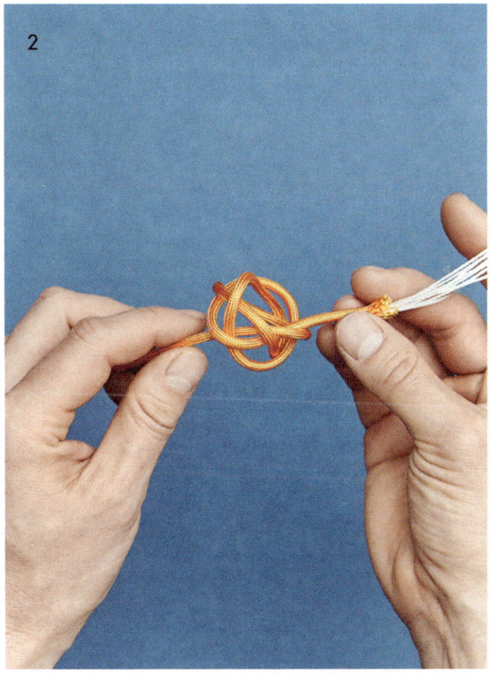

**BILD 1:** *Ein Stück Seil in der gewünschten Länge abschneiden und den Kern herausziehen. Achte darauf, dass das andere Ende nicht abgeflammt wird, da sich die Ummantelung sonst einrollen kann.* **BILD 2:** *Einen einfachen Diamantknoten binden und die Quaste hängen lassen.* **BILD 3:** *Die Quaste mit den Fingerspitzen etwas aufzupfen.*

# HUNDESPIELZEUG

Ein selbstgemachtes Hundespielzeug ist ideal, wenn du deinen Hund richtig auspowern willst. Dank der klassischen **AFFENFAUST** ist es nicht aufwendig, einen solchen „Ball mit Schnur“ herzustellen. Der Knoten ist dekorativ und eignet sich auch gut für Schlüsselringe oder sonstige Sachen, bei denen du einen Anhänger mit ordentlich Volumen brauchst.

Dabei sind sowohl die Affenfaust als auch der Handgriff aus **WURFLEINENKNOTEN** dienlich, um ein Seil an den Enden zu beschweren. Du kannst es in jedem Fall weit werfen. Du kannst die Affenfaust auch mit einer Schlaufe gestalten und den Handgriff weglassen. In der Affenfaust steckt noch ein unsichtbarer Stopperknoten, der auch nützlich sein kann: der **ASHLEY-STOPPERKNOTEN**.

KNOTEN:
*Ashley-Stopperknoten*
*Affenfaust*
*Wurfleinenknoten, siehe Seite 82*

GEEIGNETE SEILE ODER SCHNÜRE:
*Dickeres Seil aus Synthetikmaterial*

# ASHLEY-STOPPERKNOTEN

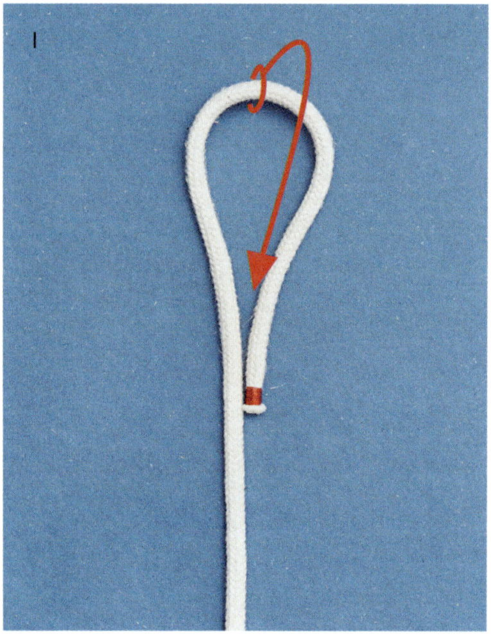


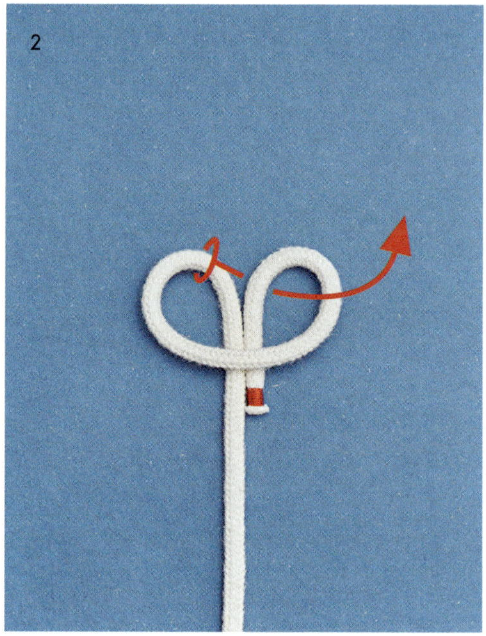


**BILD 1:** *Eine Bucht legen und diese über den festen Teil nach unten klappen.*
**BILD 2:** *Die linke Bucht durch die rechte stecken.*

**BILD 3:** *In diesem Stadium ist es ein Slip. Das Ende durch das Auge stecken.*

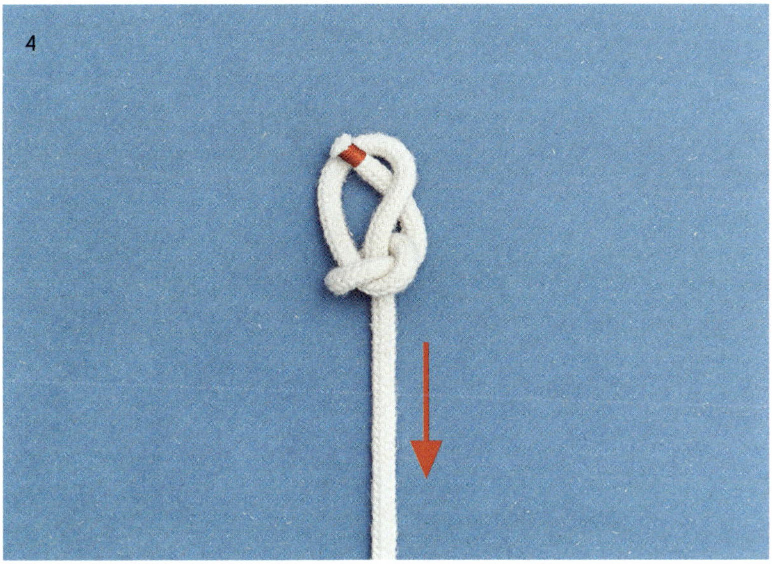


**BILD 4:** *Am festen Teil ziehen, um das Ende zu fixieren.*

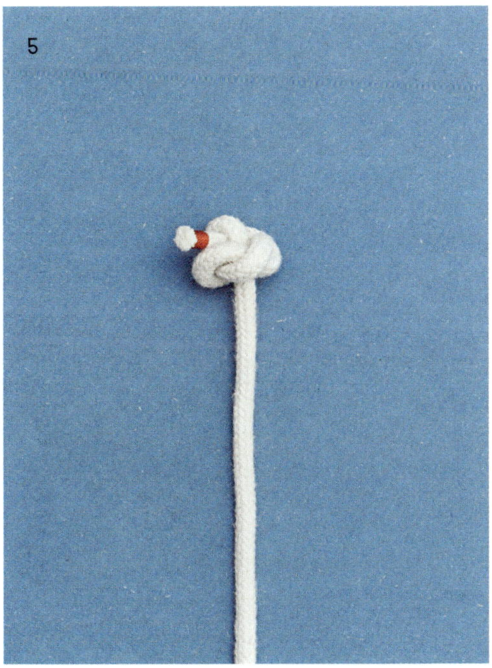

**BILD 5:** *Der fertige Knoten.* **BILD 6:** *Seitlich betrachtet, bildet der Knoten ein Kleeblattmuster.*

# AFFENFAUST

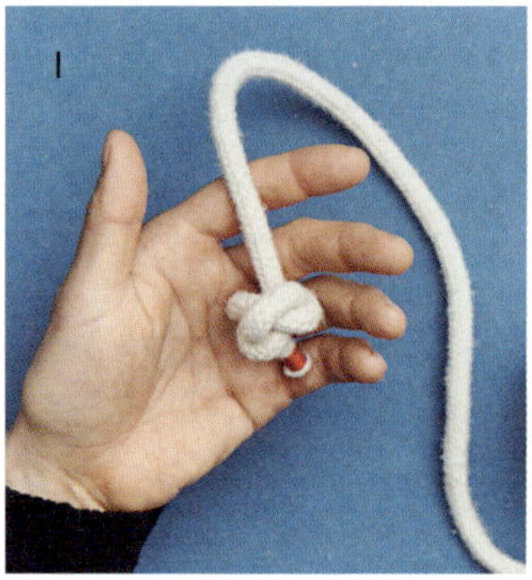

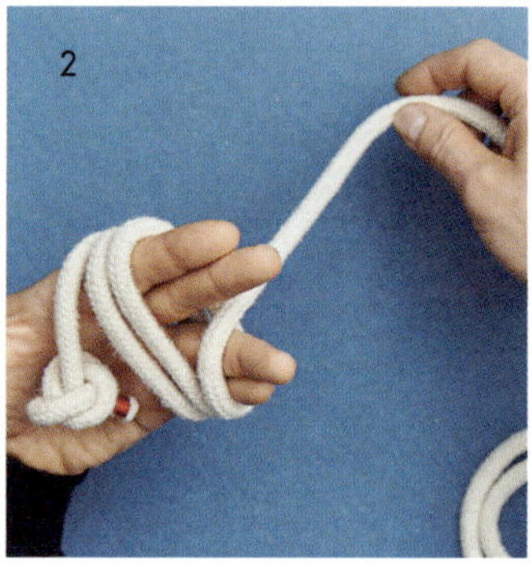

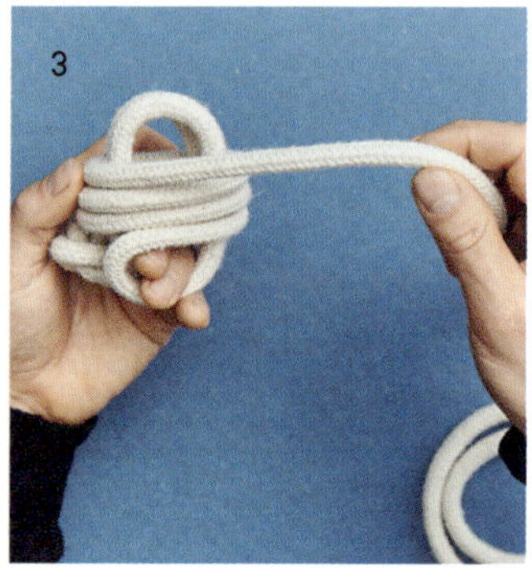


**BILD 1:** *Beginne mit einem Ashley-Stopperknoten.* **BILD 2:** *Das Seil senkrecht um die Hand wickeln, sodass oben und unten drei Buchten liegen. Beende den Wickelvorgang zwischen Ring- und Mittelfinger.* **BILD 3:** *Wickle das Seil gegen den Uhrzeigersinn waagerecht, sodass auf beiden Seiten drei Buchten entstehen.*

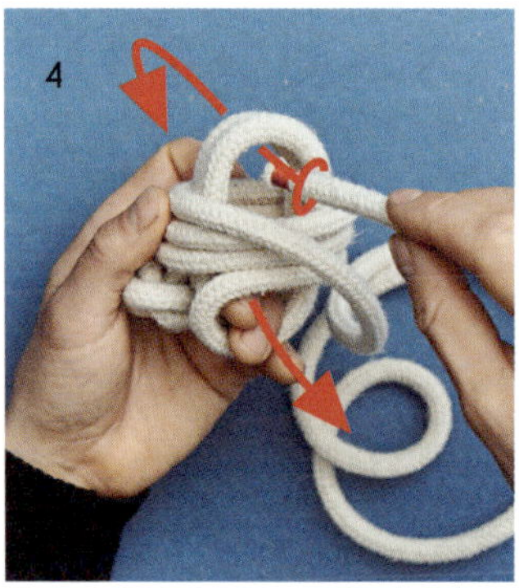

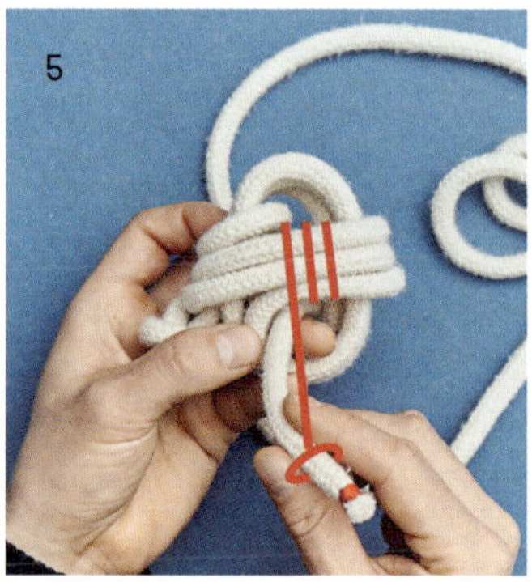

**BILD 4:** *Stecke das lose Ende durch die oberen Buchten hindurch und hole es durch die unteren nach vorne.* **BILD 5:** *Wickle wieder, damit oben und unten drei Buchten liegen.* **BILD 6:** *Kontrolliere, ob alle Seiten gleichmäßig aussehen.*

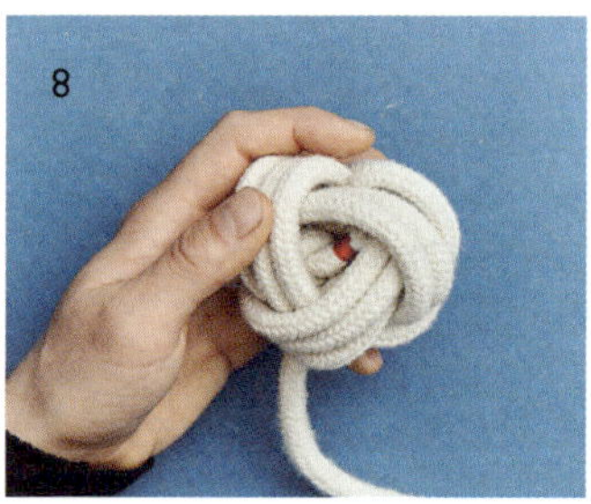

**BILD 7 UND 8:** *Den Knoten etwas aufweiten und den Stopperknoten hineindrücken.* **BILD 9:** *Nun muss der Knoten noch festgezogen werden. Mit dem Ende beginnen, das sich im Stopperknoten befindet. Den Knoten ein bisschen straffen, damit sich der Stopperknoten nicht löst. Beim ersten Zug nicht zu stark ziehen, weil die Affenfaust sonst auseinanderfallen oder ihre Form verlieren könnte.*

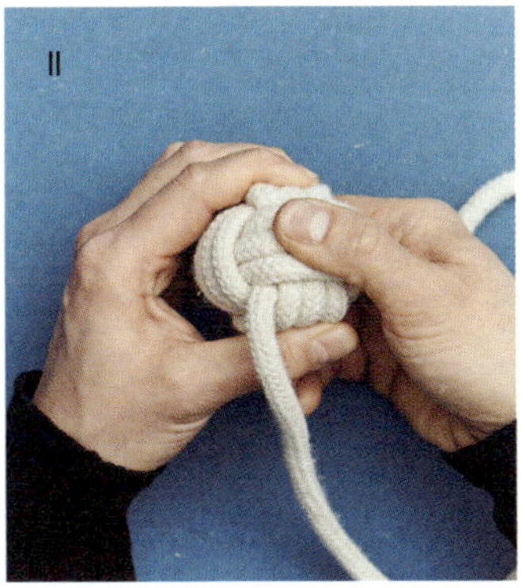

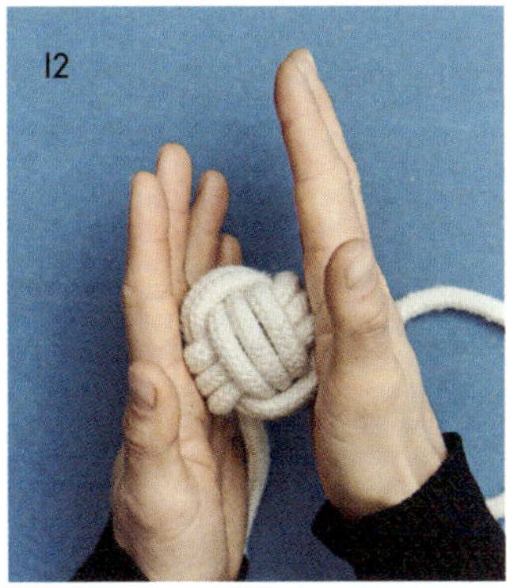


**BILD 10:** *An der Hinterseite fortfahren und den ganzen Knoten systematisch festziehen.* **BILD 11:** *Nach der ersten Runde muss der Knoten etwas nachgeformt werden. Mit den Fingern zurechtdrücken oder die Seiten auf der Tischplatte zurechtpressen.* **BILD 12:** *Man kann den Knoten auch zwischen den Handflächen rollen.*

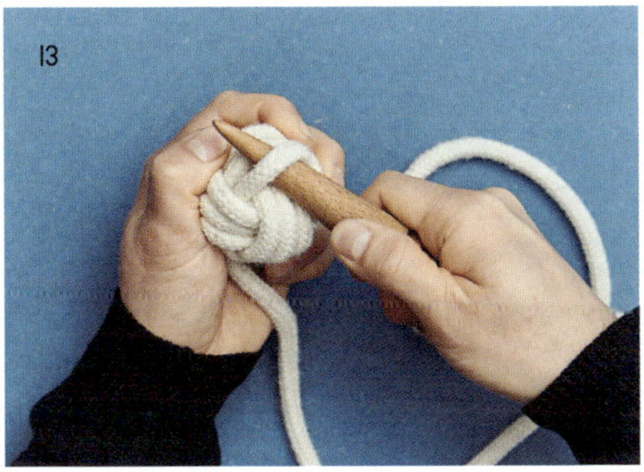

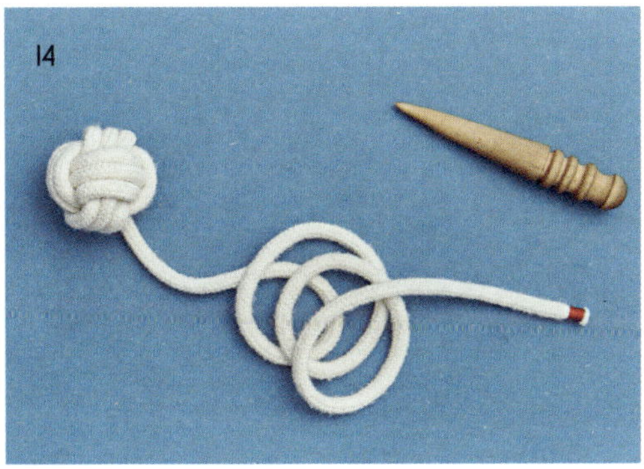


**BILD 13:** *Jetzt kann die Affenfaust richtig fest angezogen werden. Ein Werkzeug erleichtert die Arbeit.* **BILD 14:** *Der fertige Knoten. Jetzt fehlt nur noch ein Handgriff, der mit einem Wurfleinenknoten entsteht.*

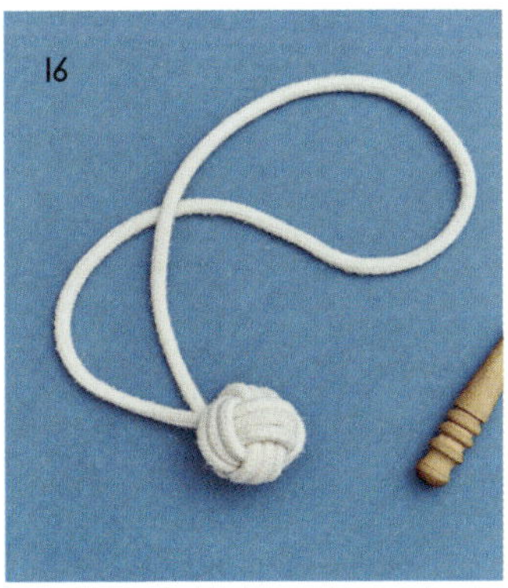


**BILD 15 UND 16:** *Wenn du eine Affenfaust mit Schlaufe anstelle eines Griffs machen möchtest, dann änderst du das Vorgehen nach Schritt 8. Bevor der Knoten fest angezogen wird, drückst du einen Überhandknoten hinein, den du am Ende des Seils bindest. Dann straffst du den Knoten, wie oben beschrieben.*

# MIT HANDSCHUHEN HAUSTIERE ANLEINEN

Dieser Knoten hat viele Namen, ich nenne ihn hier den **SIBIRISCHEN KNOTEN**. Er wird seit Langem in der eurasischen Viehhaltung verwendet. Das Geniale daran ist, dass er auch mit Handschuhen oder Fäustlingen leicht zu knüpfen ist. Denn die will man ja bei sibirischen Wintertemperaturen nicht alle fünf Minuten wieder ausziehen. Der Knoten wird auch noch mit einem **SLIP** versehen, sodass man die Leine beim nächsten Hundespaziergang im Handumdrehen vom Zaun oder Laternenpfahl wieder losmachen kann.

KNOTEN:
*Sibirischer Knoten*

GEEIGNETE SEILE ODER SCHNÜRE:
*Hundeleine*

# SIBIRISCHER KNOTEN

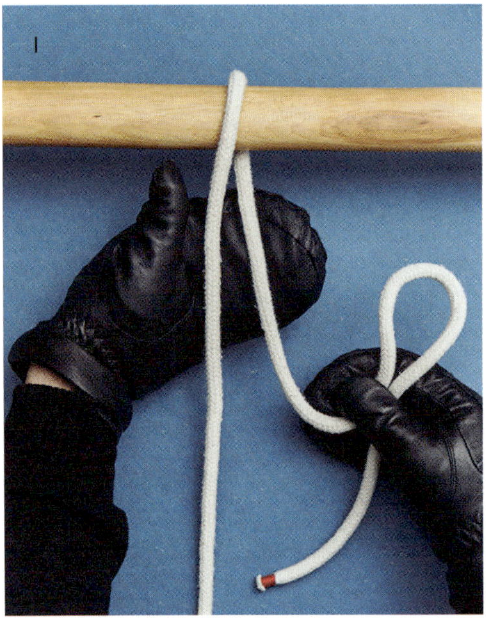

**BILD 1:** *Das Seil um den Gegenstand legen, an dem es befestigt werden soll. Mit der rechten Hand eine Bucht formen.* **BILD 2:** *Den losen Teil um die linke Hand führen.*

**BILD 3:** *Nun gilt es, eine halbe Drehung mit der linken Hand zu machen.*
**BILD 4:** *Die Hand weiter über den festen Teil drehen und die Bucht des losen Teils greifen.*

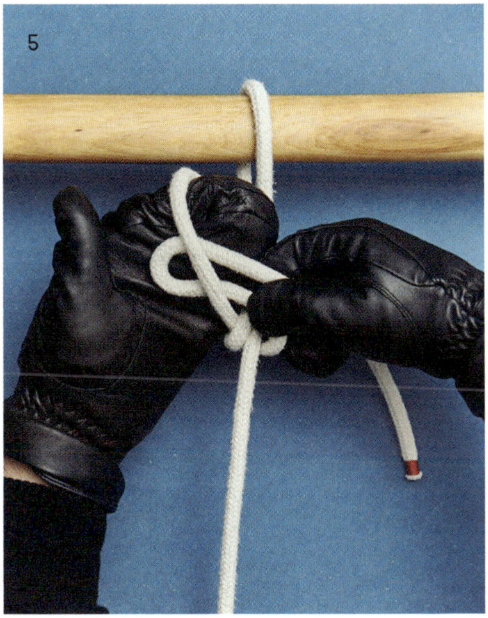


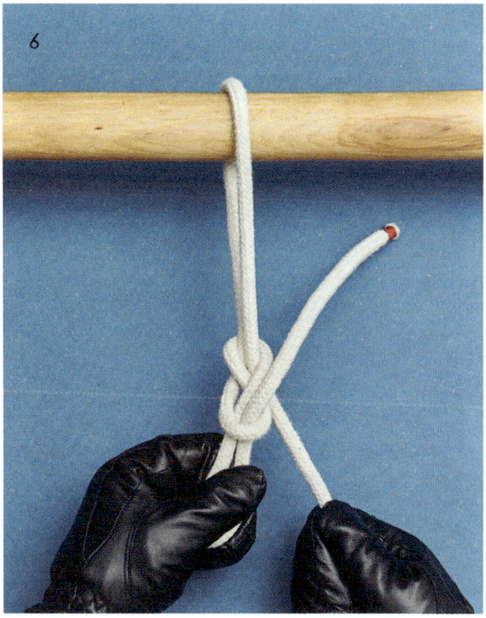


**BILD 5:** *Die Bucht hindurchführen – hier habe ich die Hand nach oben gedreht, um dir das Vorgehen zeigen zu können.* **BILD 6:** *Den Knoten anziehen und hierfür gleichzeitig die Bucht und das feste Teil nutzen.*

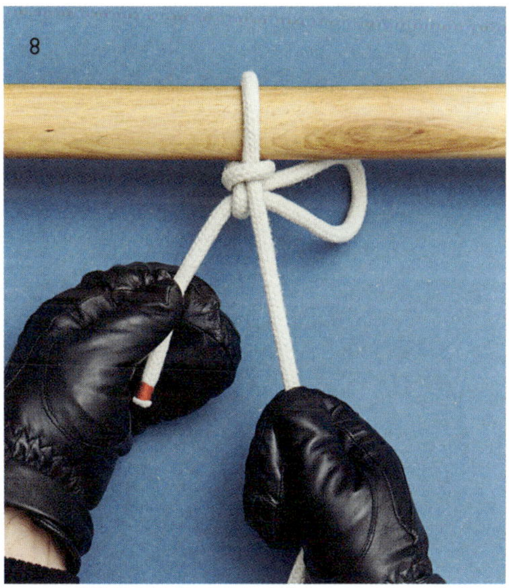


**BILD 7:** *Die Bucht loslassen und den Knoten weiter straffen, indem am festen Teil gezogen wird.*
**BILD 8:** *Lösen kannst du den Knoten, wenn du das feste Teil hältst und an dem Slip ziehst.*

# WICKELTECHNIKEN

Man schont seine Nerven, wenn man seine Seile sorgfältig aufwickelt. Dann verknoten sie nicht und die Arbeit geht viel leichter von der Hand. Dazu gibt es mehrere Möglichkeiten, von denen wir hier vier kennenlernen.

Oft werden Seile in Form einer Acht aufgewickelt, das liegt daran, dass sich so die Gefahr des Verhedderns minimiert. Auch für LADE- ODER GITARRENKABEL eignet sich die Methode bestens.

### DICKERE SEILE AUFWICKELN

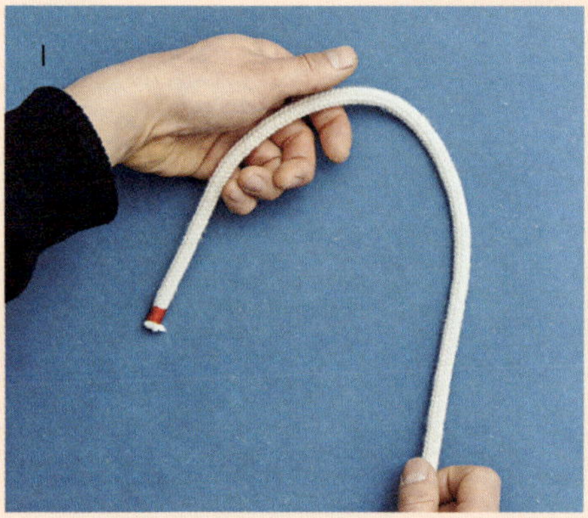


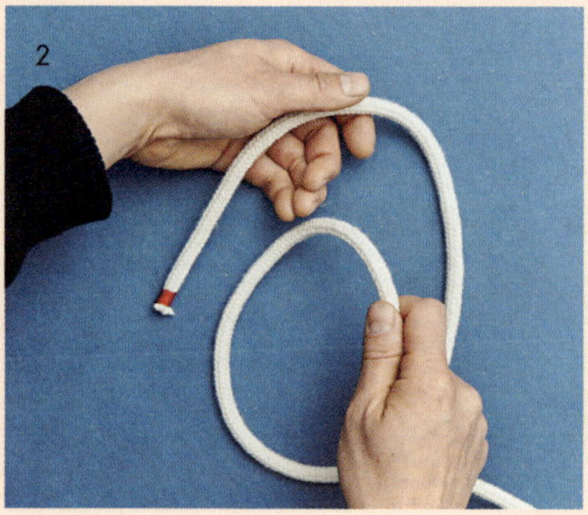


**BILD 1:** *Den festen Teil mit einer Hand festhalten.*
**BILD 2:** *Eine ausreichend große Bucht mit dem losen Teil legen und mit der anderen Hand weiter fassen. Nicht loslassen, sondern diese Hand immer am Seil entlangführen.*

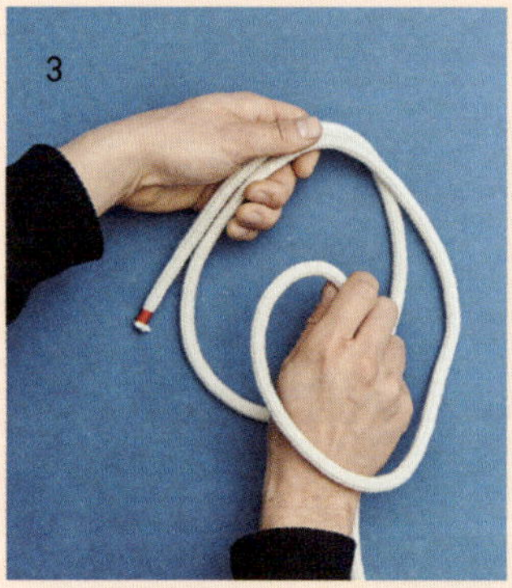


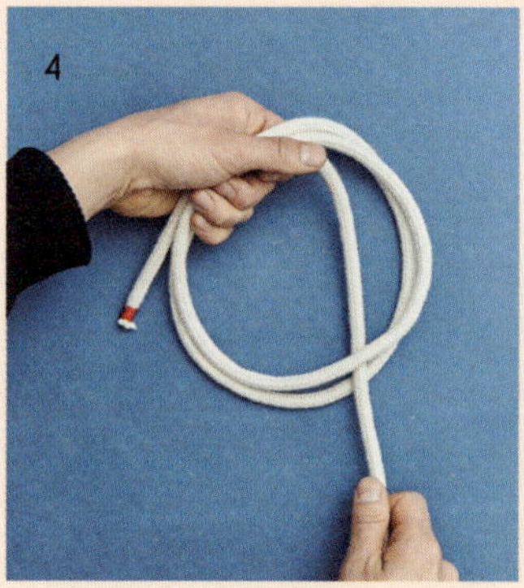

**BILD 3 UND 4:** *Du formst die nächste Bucht, indem du die Hand leicht nach innen drehst. Achte darauf, dass das Seil bei jeder zweiten Bucht über den Handrücken läuft. Damit das Seil gut liegt, kann es helfen, wenn du es zwischen Daumen und Zeigefinger einklemmst.* **BILD 5:** *Nun auch mit dem festen Teil eine Bucht legen.*

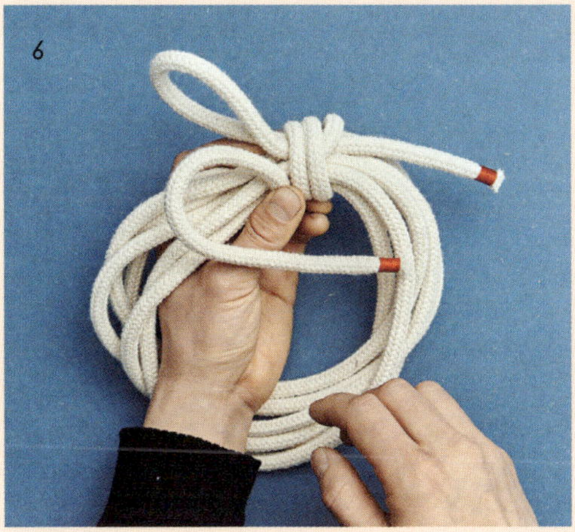

**BILD 6:** *Nun kommt ein Auge mit dem losen Teil, darum Rundtörns legen. Nach ein paar Runden mit einem Slip abschließen, dafür die Bucht von unten hindurchführen.* **BILD 7:** *Am festen Teil ziehen, um den Slip zu sichern.*

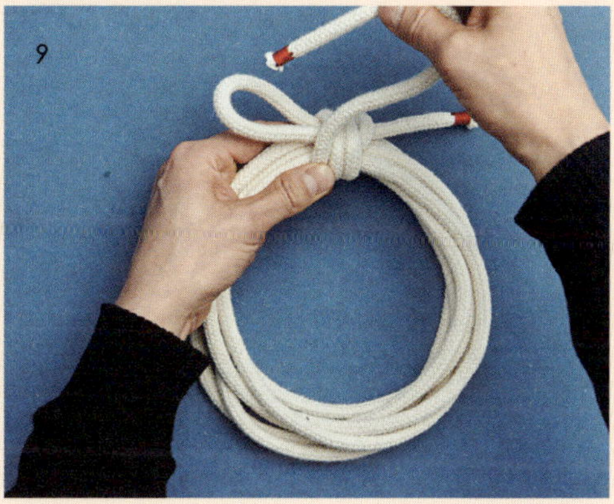

**BILD 8:** *Fertig!* **BILD 9:** *Will man eine Aufwicklung ohne Slip, zieht man den losen Teil von oben hindurch. Es wird gesichert, indem man am stehenden Teil zieht.* **BILD 10:** *Fertig!*

## DICKERE SEILE VON GROSSER LÄNGE AUFWICKELN

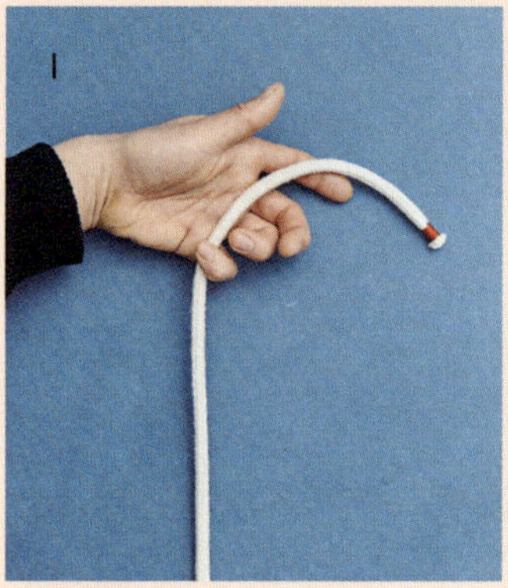


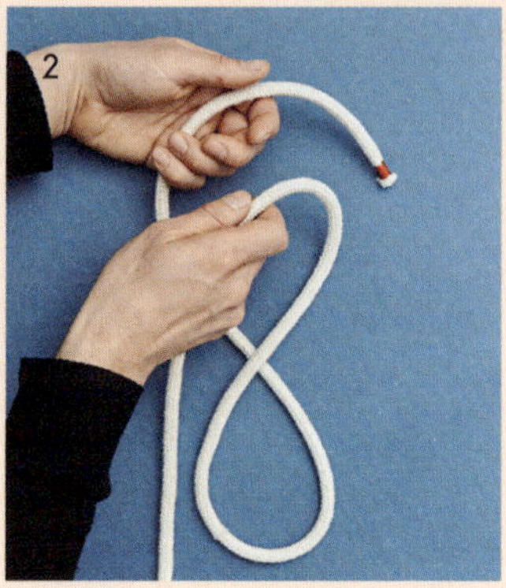


**BILD 1:** *Den festen Teil in einer Hand halten; dabei zeigt das Ende in dieselbe Richtung wie der Daumen. Das Seil mit dem kleinen Finger fixieren.* **BILD 2:** *Mit einem Seilstück in Armlänge eine Acht legen. Gelingt dies nicht, kann man das Seil auch zwischen Daumen und Zeigefinger einklemmen.*

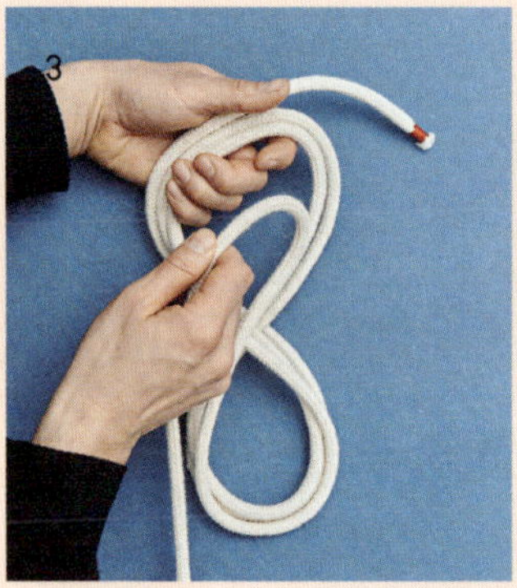


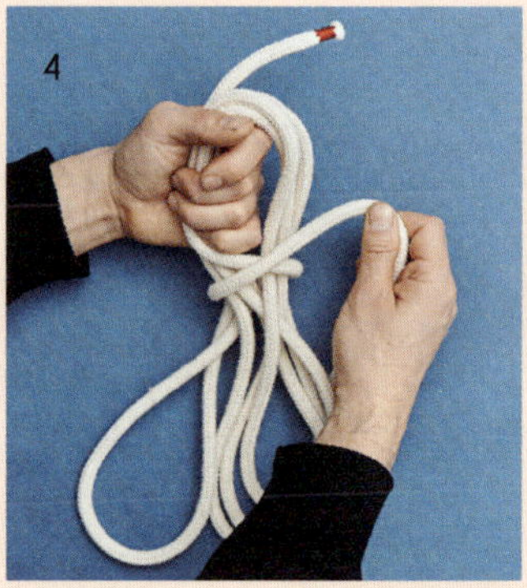


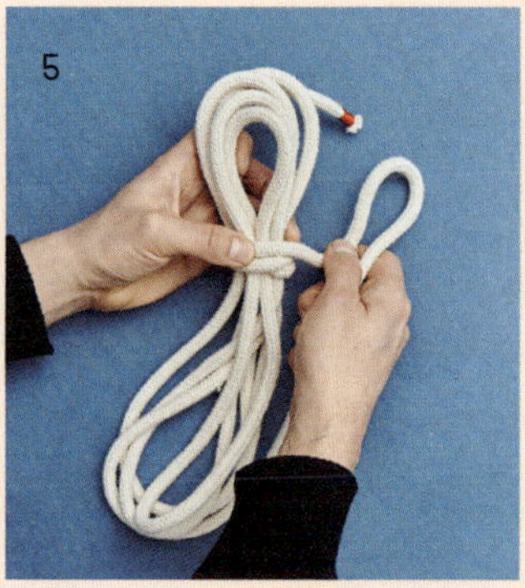


**BILD 3:** *Wiederholen.* **BILD 4:** *Das Seil um die entstandenen Achter legen, kreuzen und weitere Rundtörns wickeln. Dies so lange durchführen, bis noch eine Armlänge vom Seil übrig ist.* **BILD 5:** *Eine Bucht legen.*

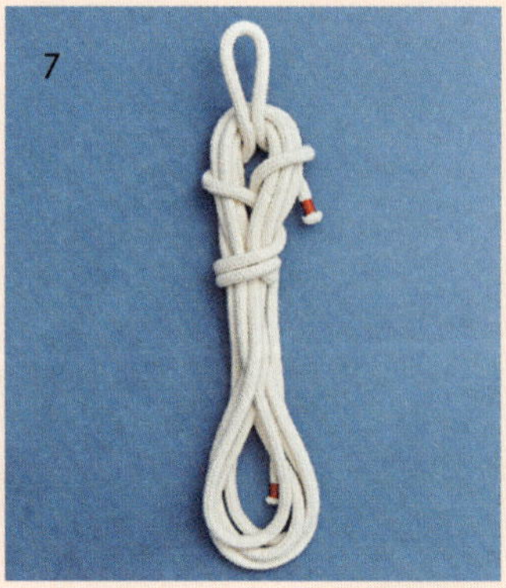


**BILD 6:** *Ziehe die Bucht durch das Auge, das entstanden ist.*
**BILD 7:** *Die Bucht noch einmal durch das Auge führen. Fertig!*

**ASIATISCHE WICKELTECHNIK**

*Das Japanische „Ebi musibi" bedeutet auf Deutsch so viel wie „Garnelenwicklung", weil das dekorative Aussehen an eine Garnele erinnert. Es ist eine alte Methode der japanischen Fesselkunst Hojo-Jutsu.*

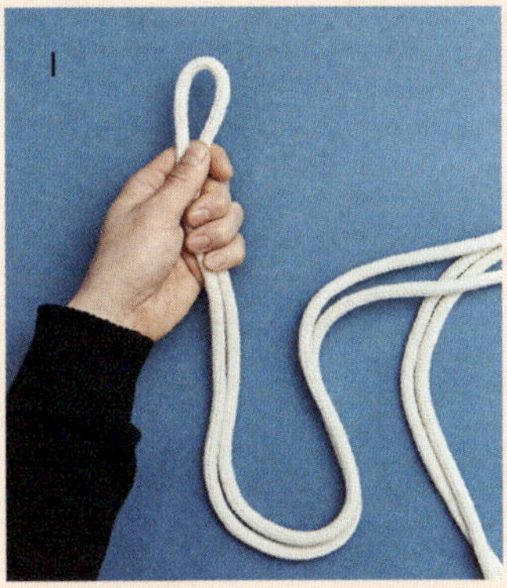

**BILD 1:** *Das Seil in der Mitte zu einer Bucht formen.* **BILD 2:** *Mit dem losen Teil legst du ein Auge und führst ihn dann um den festen Teil.*

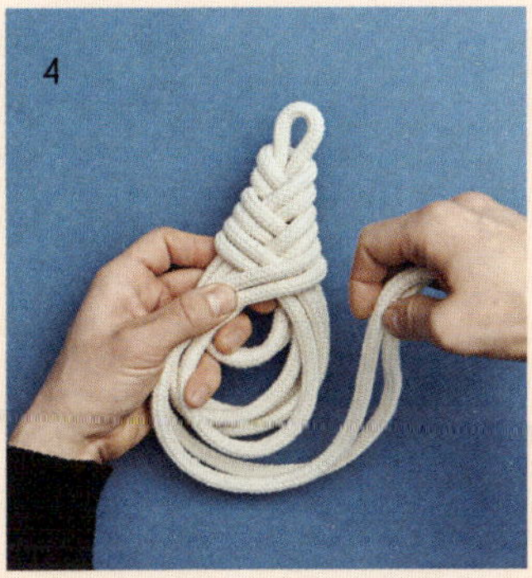


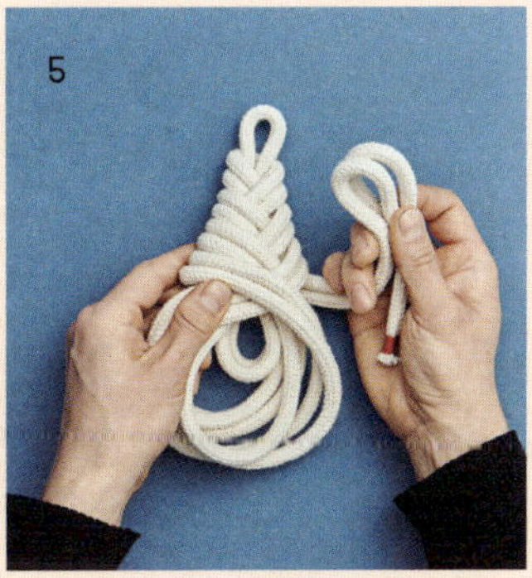


**BILD 3:** *In der zweiten Runde muss das Auge größer werden als das erste.* **BILD 4:** *Wiederholen.* **BILD 5:** *Eine Bucht mit dem restlichen Seil legen und es in das kleinere Auge einstecken.*

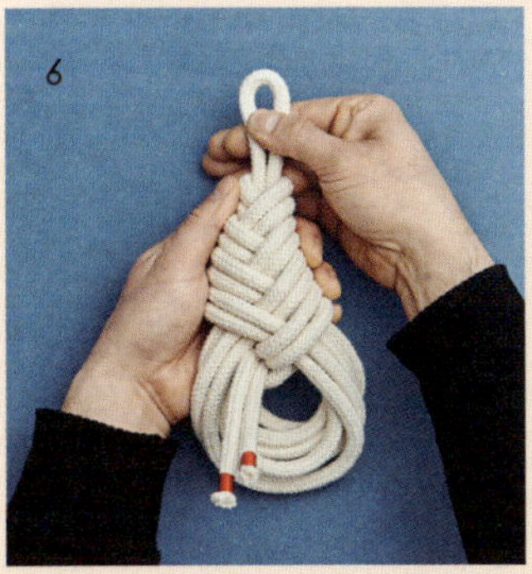


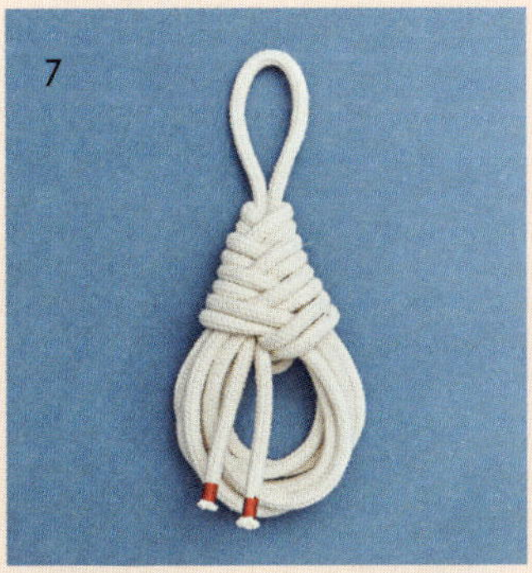


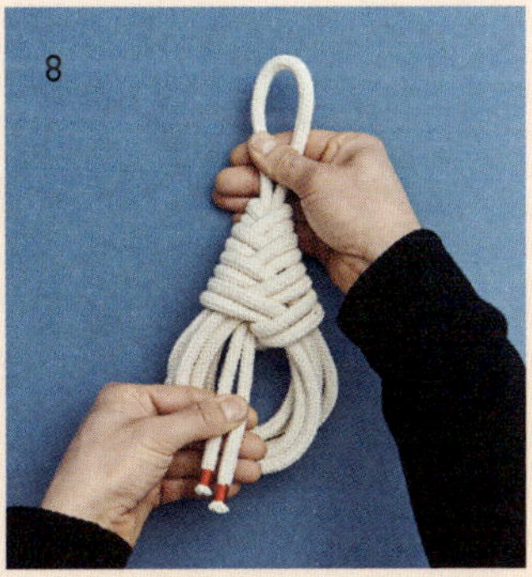


**BILD 6:** *Am festen Teil ziehen, um die Wicklung zu sichern.* **BILD 7:** *Fertig!* **BILD 8:** *Um das Seil wieder zu lösen, hältst du den festen Teil und ziehst am losen.*

## DÜNNE SEILE AUFWICKELN

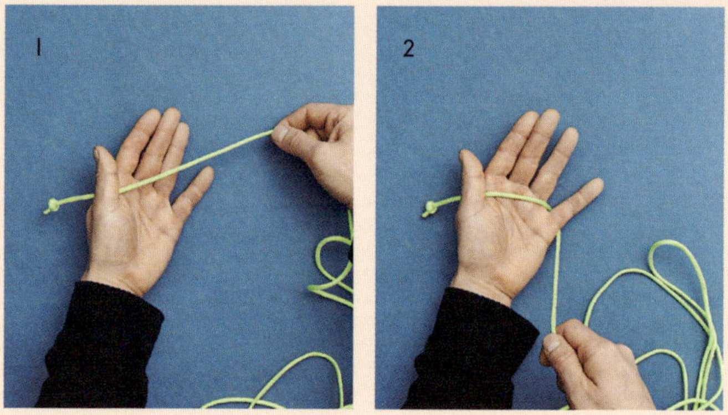


**BILD 1:** *Zuerst einen beliebigen Stopperknoten an das eine Ende setzen. Hier ist es ein Ashley-Stopperknoten* *(siehe Seite 126)**. Das Seil zwischen Daumen und Zeigefinger klemmen.*
**BILD 2:** *Den losen Teil um den kleinen Finger wickeln.*

**BILD 3 UND 4:** *Weiter um den Daumen führen.*
**BILD 5:** *Weitere Achten hinzufügen.* **BILD 6:** *Mit dem festen Teil eine Bucht legen.*

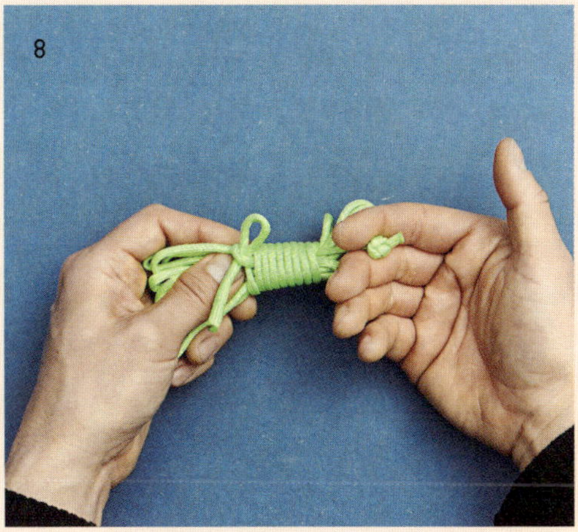


**BILD 7:** *Ein Auge legen, dann weitere Rundtörns wickeln.*
**BILD 8:** *Einen Slip durch die Bucht führen und den festen Teil anziehen.*

**BILD 9:** *Fertig!* **BILD 10:** *Um das Seil wieder zu lösen, zieht man zuerst den Slip auf.*
**BILD 11:** *Die Wicklung dann mithilfe des Stopperknotens wieder auflösen.*

Ein herzliches Dankeschön an: Ponis, Boris, Maria Nilsson, Henrik Francke, Hanna Bertilsson, Ninni Bertilsson, Keiko Anagrius, Anders Norlén, Fredrik Lundqvist, Cecilia Johansson, Jakob Nielsen, Natur & Kultur, Klättercentret und Clifford W. Ashley.

1. Auflage: 2025

ISBN 978-3-258-60292-9



Aus dem Schwedischen übersetzt von Marie-Luise Schwarz, DE-Ratingen
Lektorat der deutschsprachigen Ausgabe: Melanie Schölzke, DE-Stuttgart
Satz der deutschsprachigen Ausgabe: Die Werkstatt Medien-Produktion GmbH, DE-Göttingen
Fotografien von Miki Anagrius; Layout: Nakob Jielsen

Die schwedische Originalausgabe erschien 2021 unter dem Titel
*KNOPAR – Som förenklar ditt liv* bei Natur & Kultur, Stockholm, Schweden


Gedruckt in der Tschechischen Republik

Wir drucken mit mineralölfreien Farben und verwenden FSC®-zertifiziertes Papier.
FSC® sichert die Nutzung der Wälder gemäß sozialen, ökonomischen und ökologischen Kriterien.

FSC
www.fsc.org
MIX
Papier | Fördert gute Waldnutzung
FSC® C014138

Diese Publikation ist in der Deutschen Nationalbibliografie verzeichnet.
Mehr Informationen dazu finden Sie unter http://dnb.dnb.de.

Der Haupt Verlag wird vom Bundesamt für Kultur für die Jahre 2021–2025 unterstützt.

Wir verlegen mit Freude und großem Engagement unsere Bücher. Daher freuen wir uns immer über Anregungen zum Programm und schätzen Hinweise auf Fehler im Buch, sollten uns welche unterlaufen sein.

Haupt Verlag AG
Falkenplatz 14
3012 Bern
SCHWEIZ
herstellung@haupt.ch
www.haupt.ch

Verantwortlich in der EU (GPSR):
Brockhaus Kommissionsgeschäft GmbH
Kreidlerstr. 9
70806 Kornwestheim
DEUTSCHLAND
haupt@brocom.de

© Shutterstock, Huza Studio